伴随“中国制造2025规划”的提出和信息化进程的推动，中国“制”造逐渐向中国“智”造转变，在这一进程中，工业设计起到关键作用，愈发引起人们的关注和重视。

产品模型制作是产品开发过程中的重要部分，特别是在工业设计的教学体系中，产品模型制作不仅有助于学生掌握各种模型材料的特点和加工方法，利用适宜的材料制作产品模型。还能通过模型进行设计方案的研究和分析，通过实验不断推敲和优化设计方案，使学生深入理解产品模型在产品设计周期中的作用。从设计初期的概念草模，到设计中期的结构模型，再到设计方案确定后的样品模型。完成产品由二维形态向三维形态的转变，激发学生在三维实体模型设计和制作中的空间想象能力。

技术的进步将会引领方式的变革，产品模型制作亦是如此。在现代产品模型制作技术迅速发展的背景下，三维打印快速成型技术的不断成熟，为产品模型制作提供了更加便利的条件。同时，产品模型制作技术的发展也为产品设计创新提供了新的思路和方法，对产品创新起到了推动作用。

本教材的编写即是基于产品模型制作与设计创新之间相互推动的现代背景下进行的，一方面掌握产品模型制作方法，另一方面理清模型制作与设计创新之间的相互关系。由于作者水平有限，书中难免存在不足之处，敬请读者批评指正。

编　者

2017. 2

1

第1章 概 述

1.1 产品模型的概念

观察和实验是进行科学研究的基本方法，也是通向正确认识的重要途径。而在实物研究过程中，由于种种条件的限制，人们有时无法直接对实物进行观察和实验，这就需要寻找一种替代原型进行研究的方法，使研究得以顺利进行，模型法应运而生。模型法即是借助与原型相似的物质模型或抽象反映原型本质的思想模型，间接地研究客体原型的性质和规律的方法。

20世纪以来模型法在科学研究领域得到了全面发展，通过模型实验方法可以加强人们认识客观世界的主动性。人们通过对原型条件运用抽象、简化、类比等方法，把原型的本质特征抽象出来，构成一个实物或概念的体系，这就是建立模型的过程。人们按照某种特定目的对认识对象做出一种简化描述，围绕对象定义模型，建立关于对象的信息库，对对象进行分析、设计。

在产品设计过程中，模型制作即是将设计方案由二维图纸向三维实体转化的重要环节（图1－1）。借助于与原型相似的物质模型，研究客体原型的性质和规律，通过模型来揭示原型的形态、特征和本质。

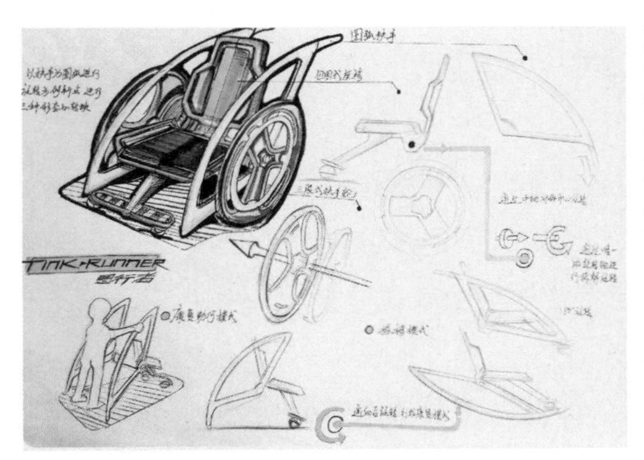

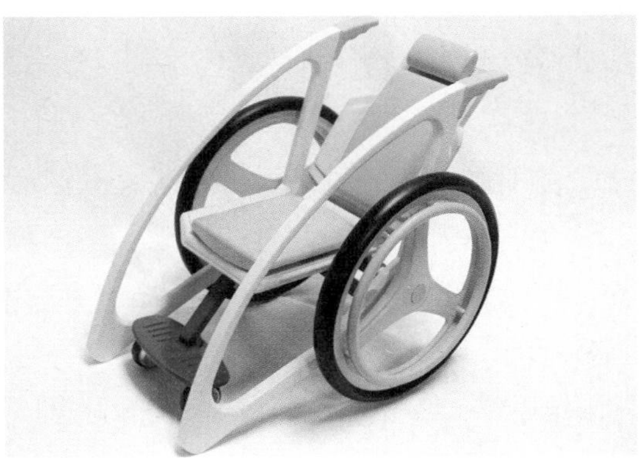

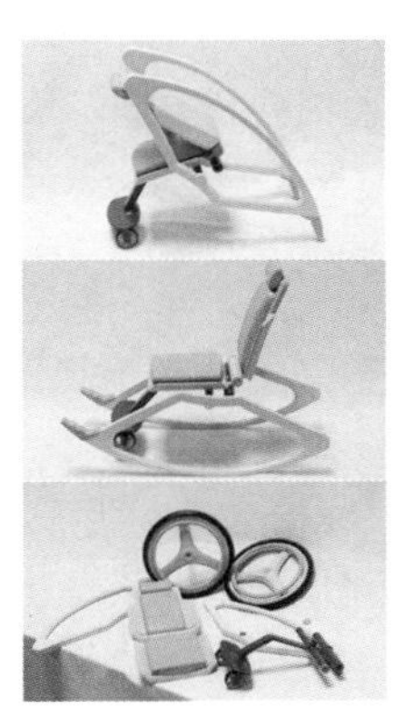

图1—1 可持续性康复轮椅方案转化过程

模型制作是产品方案评估的一个重要环节，对其进行研究对于产品设计是具有必要性和科学性的。

所谓产品模型制作，就是根据模型作用的需求，采用合适的材料、工艺进行加工，使之形成具有物理表面形态的实物，表达产品造型关系、结构关系、人机尺度关系，进而推敲设计方案，改善设计方案的一种表达方法，是设计师自身检验及和其他人员相互交流的方式（图1－2）。

图1—2　模型方案推敲及展示

1.2　产品模型的用途

英国著名工业设计师约翰（Payne John）先生曾经说过："……不做模型，怎么能做好工业设计，怎么能做好产品造型。设计新产品不做产品模型，是不可思议的……"。由于二维图形表现的角度单一、不连续性，加之设计师在画图时的角度选择、透视、光线等多方面因素的影响，导致无论是多么精美的手绘草图、效果图，还是用计算机绘制的效果图，都不可能全面、真实地反映出产品在三维空间中的实际情况。而实物模型能弥补这些方面的不足，更为逼真地表现出设计师的设计构想和产品实际的视觉效果。模型制作作为产品设计过程的一个重要环节，使整个产品开发设计程序的各阶段能有机地联系在一起。它不是单纯的外观造型，或模仿照搬别人产品，更不是一种多余的重复性的工作，而是以创新思维开发新产品，制作出新的完整的立体形象。是为进一步研究完善设计方案，调整修改设计方案，检验设计方案的合理性，为制作产品样机和投入试生产提供充分依据。产品模型制作是设计师必须掌握的一项重要技能。根据产品模型自身独特的优势，其作用可以概括为以下五个方面。

1. 形象表达设计创意

产品模型能够以三维实体的形式表达设计构思，将产品的造型比例、结构关系、色彩肌理、人机尺度等更为形象地展示出来，有利于对产品设计方案进一步推敲和检验。同时产品模型也是设计师与其他相关人员交流的语言，是沟通设计师与其他相关人员对产品设计意图理解的有效途径。

2. 启发设计灵感，开拓设计思维

在设计构思绘制草图的过程中，有经验的设计师都有这样的体会，设计草图可以快速捕捉脑海中不断产生的新奇形象，同时根据记录下来的草图还可能启发设计师的思维，成为另一个方案的起点。在用手"捏制草模"的过程中也经常出现这样的现象，许多时候不经意的动作塑造了别有意味的形态，这种意外的形态可以启发新的灵感。模型制作实际上是“用手思考”的过程。人们常说心灵手巧，其实心灵者未必个个手巧，而手巧者则一定心灵。很多脑子动得快的人动手不一定准确利索，而能工巧匠却绝不可能是个愚笨的人。这是因为从生理角度上看，手的活动和脑的思维在很大程度上是相互促进的。既动手又动脑思考创意的生理本质就在于最大限度地调动整个大脑的全部开发能力，这样做才能拥有最高的创意效率。

3. **工艺性能测试**

新产品开发过程中，尤其是全新产品开发，其中不可预期的因素非常多，如果考虑不周详，一个小小的零部件问题，哪怕是一个螺钉的安装位置不合适都会导致模具报废，或者生产出来的都是废品或者在使用过程中出现问题等，从而导致产品召回，整个产品开发失败。为了避免这种情况的出现，有必要制作样机模型。样机模型的形态、结构和尺度都已经基本定型，与真实产品具有相同的性能，对于其材料、形态、强度、刚度、结构、尺度、表面处理等的合理性可以都可以直接进行测试。此时，设计师、结构工程师、工艺工程师和模具工程师都可以进行直观的评审，对设计方案中零件的受力、使用寿命、成型方式、加工成本、加工工艺性、装配工艺性、维修工艺性等进一步推敲完善，使其更适合实际模具制作与生产。

4. **使用性能测试**

一张二维的效果图即使非常逼真，人们也无法去真实地感受它，考量其设计存在的弊端。三维的实体模型则可以一步到位地体现最终产品的实际空间效果，可以通过触摸体验、模拟操作来测试产品的人机舒适度，有利于改进设计中不足的地方。尤其是借助现代制造技术可以快速低成本地制造外形极其精确的实体模型以验证产品的使用性能，比如显示装置的清晰度、字体、色彩的可识别性、光线的柔和度、误读率、显示的同步性、显示阈值的合理性等；操纵装置的可操纵性、操纵力的大小、灵敏度、误操作率、操纵干涉情况、操纵阈值的合理性、长时间使用的疲劳程度；机械运动的流畅度、运动干涉情况、构件疲劳情况等。

5. **市场价值测试**

产品开发的成本是巨大的，风险也很大。通常一个新产品的开发都要经过从市场调研、设计、样机模型制作、评审、开模、生产及转化为商品这几个环节。在产品开发过程中，开模阶段将直接影响后期的生产与销售，也是决定该产品能否为企业创造价值的关键。一方面，由于模具制造的费用很高，比较大的模具价值几十万甚至几百万，如果在开模之后发现设计结构不合理或其他问题，损失之大可想而知。另一方面，由于在新产品开发过程中，从时间、人力、物力到经费的投入都很大。如果其中任何一个环节出现问题，都可能导致产品开发的失败或延缓产品的开发周期，其损失之大不言而喻。许多企业家因为失败的产品开发导致毕生财富一夜之间付之东流，因此企业家对产品开发的投资慎之又慎，对于设计师而言，也应当有足够的责任感，为企业家分忧解难，在设计的各个环节尽全力考虑周详，规避产品开发的风险。通常为了避免市场风险，企业总是尽力在产品正式投产前对其市场价值做出准确的判断，产品模型正是和竞争对手直接比较的生动可靠的工具。通过逼真的仿真模型和客户直接对话，听取其对该设计的评价和建议，以便决策是否继续开发或投产。和产品上市后发现问题并采取召回相比，用仿真模型验证产品市场价值的成本要低得多。因此，产品模型因其具有加工快、成本低的优点，在现代企业中被广泛采纳。

1.3 产品模型的类别

1.3.1 按产品设计过程中的不同阶段和用途分类

1. 构思参考模型

构思参考模型又称设计草案模型、设计构思模型，是一种相对粗制的模型。是在设计初期，设计者根据设计草图，制作出能表达设计产品形态基本体面关系的模型。主要用于研究、推敲和研讨产品的基本形态、尺度、比例和体面关系。构思参考模型注重整体的造型，主要考虑产品基本形态，而不过多追求细部的刻画。多采用易加工成型、易反复修改的材料制作，如黏土、油泥、纸板、发泡塑料等（图1－3、图1－4）。

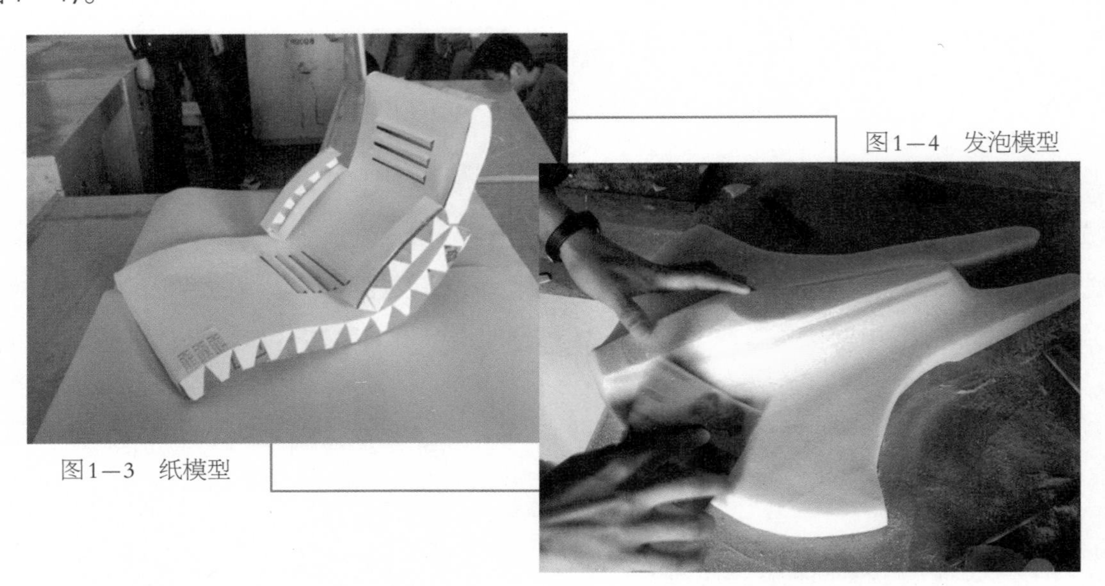

图1—4 发泡模型

图1—3 纸模型

2. 表现模型

表现模型又称外观展示模型，是一种仿真精细模型，是设计过程中后期的精细表现形式。通常是在方案基本确定后，按所确定的形态、尺寸、材质及表面效果等要求精细制作而成，其外观与产品有相似的视觉效果，但通常不反映产品的内部结构。根据要求可制成实际大小模型或等比例模型，供设计委托方、生产厂家及有关人员审定、抉择。可代替产品进行展示、观摩、陈列等，常用易于保存的材料制作，如木材、塑料、玻璃钢等（图1－5、图1－6）。

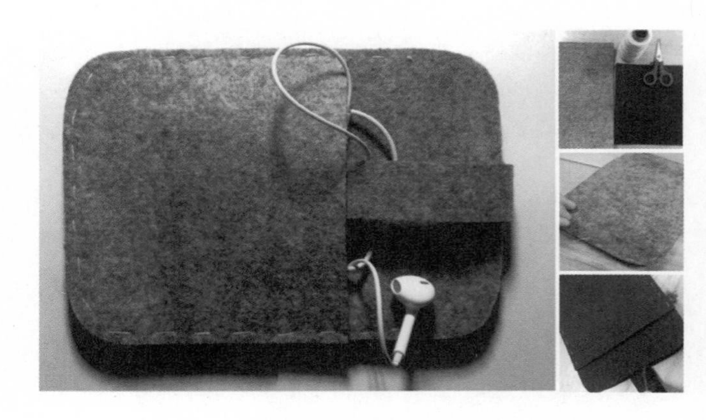

图1—5 毛毡包模型

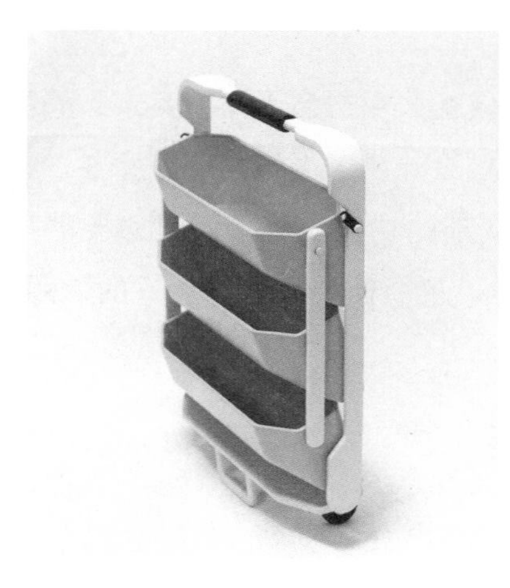
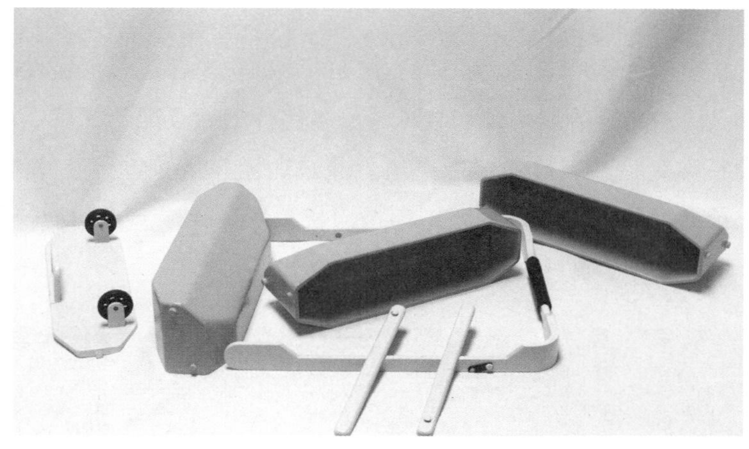

图1—6　ABS手提购物车模型

3. **手板样机模型**

产品最终方案设计完成后，由结构工程师完成整套的结构设计。按结构三维建模制作完全表现真实产品外观和内部结构的模型，就是手板样机模型。手板样机模型安装元器件，可真实使用。其外观处理效果、内部结构和机电操作性能都与成品一致。一般由专业模型公司制作。目前的加工方法是，先由结构工程师完成Pro／E结构设计（或UG等其他结构设计软件）三维建模，用CNC加工中心或快速成型设备直接成型，交给手工制作部进行表面精细打磨、喷漆、丝印、安装。借助手板样机模型，设计者可进一步校核、验证设计的合理性，审核产品尺寸的正确性，大大提高工程设计的准确度，并为模具设计者提供直观的设计信息，以加快模具设计速度和提高设计质量。样机模型常用于试制样品阶段，以研究和测试产品结构、技术性能、工艺条件及人机关系（图1－7、图1－8）。

图1—7　空气净化器

图1—8　便携式婴儿水杯奶瓶

4. **功能模型**

功能模型主要用来表达、研究产品的各种构造性能、机械性能以及人和产品之间的关系。此类模型强调产品机能构造的效用性和合理性，各组件的相互配合关系严格按设计要求进行制作，并在一定条件下进行各种实验，其技术要求严格。通过功能模型可进行整体和局部的功能实验，测量必要的技术数据、记录动态和位移变化关系，模拟人机关系实验或演示功能操作，从而使产品具有良好的使用功能，提高产品的设计质量（图1－9）。

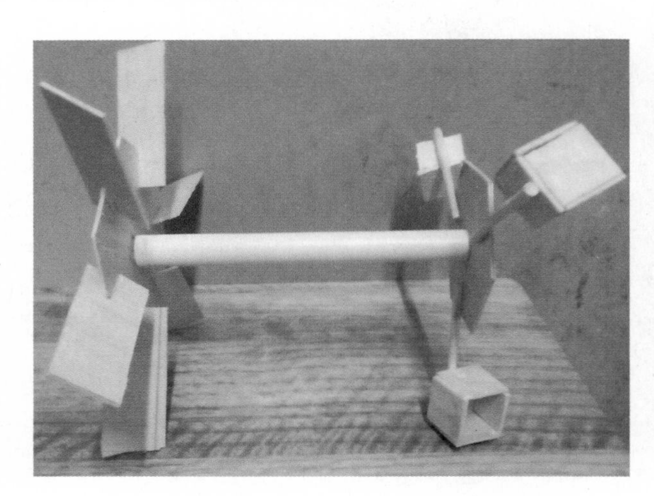

图1—9　水风车功能模型

1.3.2　按模型材料分类

1. **石膏模型**

石膏有白石膏、黄石膏，熟石膏粉遇水在一定时间内硬化。常采用浇制块体，通过刮、削、雕刻法加工制作成型。石膏模型具有一定强度，不易变形，打磨可获得细致的表面，可涂饰着色，但效果一般。石膏模型一般制作形态不太复杂的产品模型，也可制作研究模型和展示模型。

2. **纸模型**

纸模型是用纸质材料通过裁切、弯曲等手法粘接、穿插组合而成。纸模型取材方便、容易加工制作，但很难制作复杂曲面模型，一般用于直方体、单曲面的模型制作，来表现构思方案。

3. **ABS塑料模型**

是指用ABS塑料、有机玻璃、ABS棒材及管材制作的模型。ABS塑料强度、韧性较好，表面光滑度高，喷漆效果佳，极具工业美感。容易加工和粘接，热变形可制曲面形体，可用502胶、氯仿、丙酮溶剂粘接组合，表面可进行喷漆、丝印处理。精细模型效果逼真，多制作小型精细的产品模型（展示模型）。

4. **泡沫塑料模型**

常见的泡沫塑料有发泡PS（聚苯乙烯）、发泡PU（聚氨基甲酸酯）两种。泡沫塑料的特点是轻巧，易成型，不变形，易取材，价廉，好保存。缺点是怕碰，不易细致加工，不易修改，不能直接着色，遇酸、碱容易被腐蚀，须做隔离层，如用虫胶清漆先进行隔离涂饰。一般常用来做形状不太复杂，形体较大、较规整的作品，或做较大作品的内衬等。

5. 油泥模型

油泥可塑性好，加热软化后可自由塑造，易刮削和雕制，修改填补方便，可进行较深入的细节表现。可反复使用，但表面加工光滑度低，不易涂饰着色。如表面须进一步装饰处理可进行油泥表面贴膜，一般由专业模型公司进行油泥贴膜，贴膜价格较贵。油泥模型多用作研究模型和展示模型。小型油泥模型可实体塑制，中、大型须先制作骨架内模，在骨架内模上铺挂油泥后再进行雕刻和塑造。

6. 玻璃钢模型

玻璃钢模型是指用环氧树脂或聚酯树脂、玻璃纤维、固化剂和其他添加剂来制作的模型。首先必须用黏土或石膏等材料制作原型，再用石膏翻制阴模，然后在阴模内壁先涂刷脱模剂，再逐层涂刷加入固化剂与添加剂的环氧树脂，在每一层刷完后裱上玻璃纤维丝或纤维布，待固化干硬后脱模，便可以得到薄壳状的玻璃钢形体。用玻璃钢材料来加工制作模型，其优点是具有较高的强度和刚度，不易变形，可以进行曲面表现，可以较为精细地表现产品细节，稳定性好，表面易于装饰，可以长时间保存。缺点是修改非常困难，不太容易黏结，加工程序复杂，加工周期长，成本较高。只适用于设计定型的产品模型制作和较大型产品的模型制作。

7. 木质模型

木质模型是指用木材来加工制作的模型。木模型的优点是强度高，刚度高，不易变形，重量较轻，运输方便，表面较易于涂饰，且涂饰效果好，可进行较深入的细节表现，连接方式多样，价格较低廉。缺点是加工工艺要求非常高，对于初学者来说不易掌控，加工难度大，尤其是对体力较小的女生而言是非常困难的，使用木材做大型的全比例的模型，必须在装备齐全的车间和使用专业化的木工设备来辅助完成。用板材表现平面形态时可以制作形态较大的模型，用实体木块表现曲面形态时，尤其是对于学生而言，只适宜制作体积小的模型。木材还可以作为制作其他模型的补充材料，如黏土模型、油泥模型的骨架，汽车模型的轮子等。

8. 金属模型

金属模型是指用金属材料加工制作的模型，其优点是强度高、刚度高、硬度高、连接方式多样，表面易于涂饰，且涂饰效果好。缺点是加工成型难度非常大，不易修改而且易生锈，形体笨重，大的形体模型运输不便。在模型制作中，金属经常作为辅助材料来使用。与木材一样，大型的全比例的模型，必须在装备齐全的车间和使用专业化的加工设备来辅助完成。当然对于形体小，可以利用现有型材，且加工量不大的产品模型，也可以选用金属，用钳工加工的方法手工完成。采用金属材料加工制作的模型，根据其自身的优点，通常用来制作结构与功能模型，特别是具有操作运动的功能模型。

9. 其他材料模型

是指根据产品设计材料的特殊要求，运用其他材料制作的产品模型，范围广泛，如竹制模型、草编模型、陶瓷模型或其他材料制作的模型。这类模型一般都有特殊的工艺要求，而且在材料属性上不好替代，需要专业部门或专业人士进行制作。

1.3.3 按加工工艺分类

1. 手工模型

手工模型是借助人可操作的机械设备和可用于加工的手工设备来加工的模型，是一种相对传统的模型表现方式。随着科学技术的飞速发展，可操作的机械设备越来越先进，使手工模型的加工精度与效果得以大幅度的提升。一般来说，大多数设计工作者都喜爱用手工制作模型的方法来检验与推敲最终产品的设计效果。由于制作的便利性，设计人员可以边制作边推敲来检验设计的可行性，一旦发现问题可以及时修改方案或优化设计思路，所以这是一种不但操作相对简单，而且还比较容易实现设计艺术效果的最常用的方法。但是手工模型制作的不足之处在于制作周期相对较长，制作的模型精度不够高。

2. **数控模型**

依设备不同又可分为激光快速成型模型（RP模型，rapid prototyping），加工中心制作模型（CNC模型）和3D打印模型。

激光快速成型模型优点在于快速，通过堆积技术成型，缺点在于外表相对粗糙，不能表达最佳效果。

加工中心制作模型能精确反映图纸所要表达的信息，采用物理加工成型，原料为工程塑料，具有优异的韧性和强度。

3D打印模型是快速成型技术的一种，随着近年来3D打印技术的突破和工艺的成熟，3D打印产业和市场呈现爆发式增长，特别是桌面级3D打印机的普及和应用，为产品模型制作和个性化定制产品提供了极大的便利。

1.4 产品模型制作的原则

1. **安全性原则**

模型制作所使用的材料，如木材、纸材、塑料，黏结用的粘胶剂、稀释溶剂、油漆与涂料等，大多数均系易燃和有毒物质。因此，必须特别注意防火防毒的安全问题。各种油漆涂料稀释溶剂，属于有机化学材料。按其类别不同，分别含有苯、铅、氰基、硝基等对人体极其有害的成分，所以在使用时应有一定的预防措施。在设计制作模型时，特别是大型模型，需要用较多的设备和工具，为了防止事故发生，必须严格强调安全操作规程，避免事故的发生。

2. **经济性原则**

模型制作需要表现的内容很多，涉及多种材料、元件等，因此其花费也是比较多的，尤其是对于学生而言，因此在模型制作之初就必须要计划好合适的材料、工具与需要使用的元件。一方面，各种材料成本差异很大，所需的工具也不同，这需要根据各自的实际条件来选择。而各种材料都各有所长，在通常情况下，要表现一种效果有多种材料可以选择，只要是加工方式选择得当，一般可以达到殊途同归的效果，因此不建议一味地追求价格昂贵的材料和工具来表现。另一方面，模型制作是超前的活动，材料需要数量只能估计，对于许多初学者或经验不足的设计师来说，通常出现在制作的过程中发现材料不够的问题，再次购买产生的交通费用等无疑导致成本的追加。总的来说，经济性是模型制作必须要考虑的问题，尤其是大型的产品模型制作，成本控制是非常必要的。

3. **易实现性原则**

模型制作是一种模拟真实的科学研究方法，这种模拟要表现出选定的产品系统的关键特性。模拟的关键问题包括有效信息的获取、关键特性和表现的选定、近似简化和假设的应用，以及模拟的有效性。而为了达到这些要求可以选择的材料和加工工艺方法是多样的，各种材料加工性能上存在巨大差异，其加工难度与加工周期等也相去甚远，为了提高产品开发效率，节约开发成本，我们尽量选择较容易实现的材料和工艺方法，尤其是对于学生模型制作实践而言，选择如黏土、石膏、塑料、发泡等材料来制作可以达到非常好的训练效果，而木材、金属等材料因不易实现而不太适宜学生制作模型。

4. 适用性原则

模型制作通常需要根据设计的不同表现阶段及需求选用所需的模型材料与加工工艺方法进行制作。例如，形态构思模型主要选用成型速度快、便于加工、易于表现、可反复使用等特性的材料。如黏土、油泥、发泡、石膏、纸材等。功能实验模型是根据产品的特殊需要对产品的结构、形态、功能、性能等进行测试的模型，要求被试验部位的材料符合实验要求。如进行汽车风洞试验，由于油泥模型完全可以满足风洞试验要求直接进行试验，而不必使用真实材料，采用了油泥进行模型制作既提高了效率、减少不必要投入，又满足了试验要求。展示模型以表现产品的外观为主，应当尽量选用能够体现展示效果并易于长期保存的材料。制作中根据要求灵活机动地使用设计所需的真实材料或替代材料，目的是体现逼真的外观效果。常用的展示模型材料有塑料、玻璃钢、木材、金属等。样机模型要求模型各部位的材料使用未来产品所需的材料。通过所需材料的使用，直接反映材质自身特性及加工处理后的色彩、肌理、质感等变化特征，用以检验视觉感受与接触感觉，实际测试产品的机械性能、结构关系、人机尺度、使用性能等综合设计内容。

5. 真实性、可靠性原则

模型制作虽然是一种模拟真实的方法，但其模拟的真实性和可靠性是此方法有效的前提，数据的默认或存在较大误差、细节的忽略都可能会导致实验结果的失真，影响产品开发的结果。产品开发通常都是全新的创造活动，遇到的许多问题可能都没有先例，也没有可以参考的依据，此时需要设计师想方设法，用模型去还原真实的情况。对于功能实验模型、样机模型的真实性与可靠性则要通过可靠性的评价来保证，可靠性的评价可以使用概率指标或时间指标，这些指标有：可靠度、失效率、平均无故障工作时间、平均失效前时间、有效度等。提高可靠性的措施可以是：用仪器对元器件进行检测，筛选；对元器件降额使用，使用容错法设计（使用冗余技术），使用故障诊断技术等。对于展示模型、结构模型等的真实性则要通过模型检测与评价来保证。模型检测与评价的方法主要包括目视分析法，量具测量法，性能检测，比例人机关系检测，艺术效果评价等。

6. 不可逆原则

模型制作的过程绝大多数情况下是不可逆的，材料经过切削加工，如锯、刨、钻、锉、雕等工艺加工过以后都会发生形状与性能上的改变，通常无法再回到未加工以前的状态；对一些构件有多个加工步骤的，加工步骤的先后不同会导致后续加工步骤失去定位基准而使得加工过程变得复杂，或者是导致加工面形状改变使得工具装夹变得非常困难；材料经过热加工后，如塑料模型的热压等，材料形状、性能发生巨大变化，经过此加工过程的材料是无法再回到未加工以前的状态；在模型装配的过程中很多步骤也是不可逆的，尤其是黏结工艺，黏结过后的部件一般是无法再分离；在模型涂饰的过程中，各部件涂饰的步骤也是不同的，错误的步骤会导致施工复杂，还容易出现涂饰缺陷，有些情况是先涂饰后装配，而有些则要先装配后涂饰，这些需要根据具体情况来确定涂饰的步骤。总之，由于模型制作的过程通常是不可逆的，因此需要在制作之初，科学、合理、详细地计划出制作的程序，尤其是容易出现问题的步骤，避免因程序操作不当导致前功尽弃。

1.5 产品模型制作与教学

1.5.1 产品模型制作课程属性

产品模型制作是工业设计、产品设计专业的一门专业实验课程，系统地介绍了产品设计中模型的作用，模型制作有关材料成型原理、材料选用、工具使用、加工方法以及模型的检测评价与安全防范等知识。产品模型制作是工业设计师必须掌握的基本专业技能，通过模型制作教学可以帮助学生建立空间概念，学习造型处理手法，认识产品内部结构及其生产制造的方法，训练动手能力等。产品模型制作既是设计教学的基础，也是设计的方法、手段，在课程教学中倡导学生自主学习、合作学习、研究性学习。模型制作作为设计实验课程有以下三个特点。

图1—10 模型制作课堂

1. 实验与其他教学内容紧密结合

在设计专业教学中，将传统实验中的演示实验和学生实验融合在各课程内容之中，使它们成为有机的整体。以艺术设计实验理论和方法为主线，建立各课程既有独特性又有交叉性，以及具备引导性、基础性、提高性、设计综合性、创新性实验组成的实验教学体系。

2. 实验内容与形式多样化

设计实验的形式有示范性实验、演示性实验、验证性实验、设计性实验、综合性实验、研究探索性实验、研究创新性实验等。把学生分组实验和研究探索性实验安排在课堂教学中进行，进一步确立了设计知识体系与实验的依赖关系，凸显实验教学的重要，真正做到还给学生实验探索空间，由静态变为动态，由独立变为合作，由观察者变为探索者，由单纯动脑变为手脑并用，激发学生的求知欲和创新欲。在这种开放式的实验教学过程中，实验内容的预约和实验前的资料查阅、实验方案设计等均充分体现了学生的自主性。从而实现实验内容由“单一型”向“综合型”转变；实验方法由“示范型”“验证型”，向“参与型”“开发型”“研究型”转变。

3. 实验手段自主性

产品模型制作实验不必过分强调实验数据的精确和操作技能，而是更注重实验设计的创新性，因为实验设计的思想更能提高学生的心智技能。设计实验教学的目标、性质和模式应该从单纯为了学习知识验证理论及学习操作技能，转变为以全面地培养学生设计素养为目标的课程，模型制作实验教学对于实现“知识与技能、过程与方法、情感态度与价值观”三维教学目标有独到作用。

1.5.2 学习模型制作的意义

产品模型制作的功能并不是单纯的外观、结构造型。而是体现一种设计创造的理念、方法和步骤。是一种综合的创造性活动，是新产品开发过程中不可缺少的环节。学生通过产品模型制作的学习可以更全面理解、掌握、运用工业设计专业知识，培养良好的专业素养，具体体现在以下方面。

1. 培养正确使用量具、加工工具、加工设备的技能

模型制作根据加工材料的不同需要使用到大量不同种类的量具、工具与加工设备，这些是我们完成模型制作的基础。正确合理地使用量具、工具与设备可以大大提高我们的加工效率，也可以使得加工出来的模型更符合设计要求。不论是量具、手动工具、电动工具，还是加工设备，都有相应的操作方法与操作规程。掌握正确的使用量具、加工工具、加工设备的方法，更有利于认识工程生产的实质。

2. 培养工业设计制图、识图的技能

工业设计制图是工业设计师必须掌握的一门设计表达语言，要求对设计师具备良好的空间形象思维能力，空间几何问题的图解能力、分析能力，空间形体的图示表达能力以及绘制和阅读工程图样的基本能力等。工业设计制图的主要对象是产品外观，包括总装、部装、零件图、产品爆炸图、专利制图、外观图等工业设计专业用图。工业设计的学科交叉性要求设计师熟练掌握制图技能，除了教科书的理论学习外，可以通过模型制作实践积累经验。在模型制作过程中，要求学生自己设计、自己制图，然后将设计方案根据图样进行表现。此外，还要掌握在平面图上进行放样的技能，在空间模型上进行画线的技能等，通过这些实践可以大大提高制图、识图技能，熟悉和理解制图原理、制图方法、制图规范等。

3. 准确了解材料性能

材料是模型制作的基础，也是产品成型的基础，学生通过模型制作实践，对不同种类的材料的物理性能、机械性能、化学性能、加工工艺性能、表面涂装工艺性能等特征有切身体会，通过这些方面的经验积累对产品设计的选材大有帮助。

4. 培养工艺分析的技能

产品设计方案最终需要通过工业制造手段来实现，产品设计必须符合机器制造的规则，也就是要选用适合的材料，通过与之匹配的工艺进行制造。材料加工工艺在机械制造业中占有重要地位，是制造业的基础，也是工业设计师必须掌握的一门专业知识。在模型制作过程中有很多工艺原理和产品制造工艺相似或者一致，一般要求在模型制作之初写出工艺计划，再根据计划实施。因此学生通过模型制作实践，对不同种类材料的加工工艺方法有切身体会，这是只用计算机建模无法做到的。通过这些方面的经验积累，可以使将来的设计方案更为合理。

5. 准确理解产品结构

结构模型与样机模型制作要求将产品各构件的造型、内部结构、外部结构、连接结构、配合方式、形状尺寸、位置尺寸、过渡形式等清晰地表达出来。制作这类模型时，学生首先要对产品结构的功用、成型原理、形式、尺寸、结构强度、刚度等有全面的理解，然后根据产品结构知识运用适合的材料与工艺亲手制作产品模型，因此通过模型制作实践可以深切理解产品结构的本质。

6. 培养创新意识

模型制作代表着设计师对造型的观察、对造型的思考、对视觉信息的反应和处理的方式。所谓“观察”，其实质是一种思考方式。这些都要求我们从视觉思维的角度去认识模型制作。培养应用和开发想象的能动性，形成对未知领域的自觉探求，即创新意识。这些对于模型制作教学来说，是根本的、本体性的东西。

7. 培养安全生产意识

在设计制作模型时，需要用较多的设备和工具，为了防止事故发生，必须严格强调安全操作规程。模型制作中的安全问题与工程生产的要求一样，是关系到生命安全的大事，绝对不能马虎，因此在学生阶段就必须要培养这种意识。

8. 培养耐心、细致、严谨的工作态度

模型制作的过程是一个艰苦、有序和复杂的工作过程，需要设计制作者具有认真、耐心、细致、严谨、持之以恒、精益求精的工作态度。既要有艺术和美学素质，又要掌握动手制作的技能；既要善于创造性工作，又要善于群体协作，共同配合。

本章练习与思考

1. 什么是产品模型制作?
2. 产品模型制作的分类有哪些?
3. 模型制作在产品设计中的作用?

第2章　模型制作常用材料及特征

“墙高基下，虽得必失”。材料是产品模型制作的物质基础，不同类型的产品模型是通过对不同材料的加工制作形成的。构思草模、展示模型、样机模型、功能模型，每种模型的功能属性不同，所选用的材料和加工工艺也不尽相同。在模型制作时，一方面根据模型的功能特征进行材料选择，另一方面是根据产品形态表面特征来选择适宜的材料进行模型制作。如直方体、小曲面模型适合用ABS塑料进行拼接，而自由曲面模型可用修改便利的油泥制作，也可用ABS热压成型。产品模型制作材料主要有石膏、ABS塑料、泡沫塑料、油泥、木材、金属以及黏接剂、原子灰、涂料等等。按照类别一般分为成型材料、粘接材料、装饰材料。

2.1　成型材料

2.1.1　石膏

1. 石膏的一般特性

石膏是一种天然的无水硫酸钙（$CaSO_4$）矿物，无色半透明的结晶体，用来制作模型的石膏为熟石膏$CaSO_4 \cdot 1/2H_2o$，即半水石膏。石膏是由石膏粉和适量的水混合而成的固体物。一般石膏调水搅拌均匀的凝固时间为2～3分钟，石膏凝固的过程中有热量产生，发热反应为5～8分钟，冷却后即成结实坚固的物体（图2－1）。若15分钟后还未凝固，则说明此石膏粉不能再用了。

图2－1　石膏

理论上石膏与水搅拌时，进行化学反应需要的水量为18.6%，在模型制作过程中，实际加水量比此数值大得多，其目的是获得一定流动性的石膏浆以便浇注，同时能获得表面光滑的模型。多余的水分在干燥后留下很多毛细气孔，使石膏模型具有吸水性。由于熟石膏粉能与水反应且本身具有较强的吸水性，稍有潮湿，就会影响它的性能，一旦熟石膏粉受潮，基本上无法再次使用。因此，石膏粉要放置在干燥的地方，使用时不要溅到水，石膏袋子要干净。没用完的石膏必须将其密封包装妥当，置放于干燥的地方。

2. **石膏的成型方法**

石膏成型多为灌铸，通常用玻璃板、木板或纸板围合成大致的形体轮廓，进行粗加工，待大致形体产生，然后再对其进行精加工。在水分挥发之前较易对形体进行粗加工，可以大量地削除多余的部分。面积较大地去除石膏可用扁铲、凿子、美工刀甚至锯等。对形体表面的处理可以用美工刀片或锯条进行刮削。形体完全干透后，可以选用较细的砂纸打磨表面，使表面光滑。对于有缺陷的部位可调制少量石膏进行修补，待干后再进行处理。如图2－2所示为石膏制作精细汽车模型。

图2—2　石膏精细汽车模型

石膏形体表面如果要进行喷漆处理，则必须在其表面先喷一层乳胶液，干后会在其表面形成一层膜，然后在这层膜上喷漆，则漆不会渗入石膏而失去光泽。

石膏适于制作概念模型、展示模型，也可以用其对模型进行如实翻制，还可以制作玻璃钢模型的阴模和塑料模型压模的阳模等，用途非常广泛。

2.1.2　黏　土

黏土是黏土粉末与水调和，经过“洗泥”和“炼熟”过程，形成质地细腻、均匀的“熟泥”，熟泥以柔软而不粘手，干湿度适中为宜（图2－3，碎黏土、袋装黏土）。用黏土材料加工制作模型，其优点是材料来源广泛，取材方便，价格低廉，黏合性强，可塑性强，加工效率高。对于用过的泥料，或已干固的泥料，可敲碎放回泥池或泥缸，加水闷湿，反复使用。黏土材料特别适于制作小体积的产品模型，常用作构思草模，也可以借助黏土材料塑造概念模型的母模。

图2—3　碎黏土、袋装黏土

黏土材料的缺点是材料的强度低、刚度低，只能制作实体模型，从而导致模型重量较大，制作过程中很难移动，对于模型细节部位较难精细加工，模型表面上进行效果处理的方法也不是很多，不易涂饰着色，表面涂饰效果较差。如果黏土中的水分失去过多则容易使黏土模型出现收缩、龟裂，甚至产生断裂现象，不易长久保存。因此当黏土模型完成后，一般要使用石膏进行翻模，或用其他可以替代的材料进行翻制胎模，以保持模型的原型，便于进行长期保存。

2.1.3　纸　材

纸材种类繁多，如卡纸、牛皮纸、铜版纸、瓦楞纸及各种装饰用纸等（图2－4）。不同的纸有不同的性能特征，如有的透明，有的不透明；有的轻薄，有的厚实；有的光洁，有的粗糙有纹理等。纸材可塑

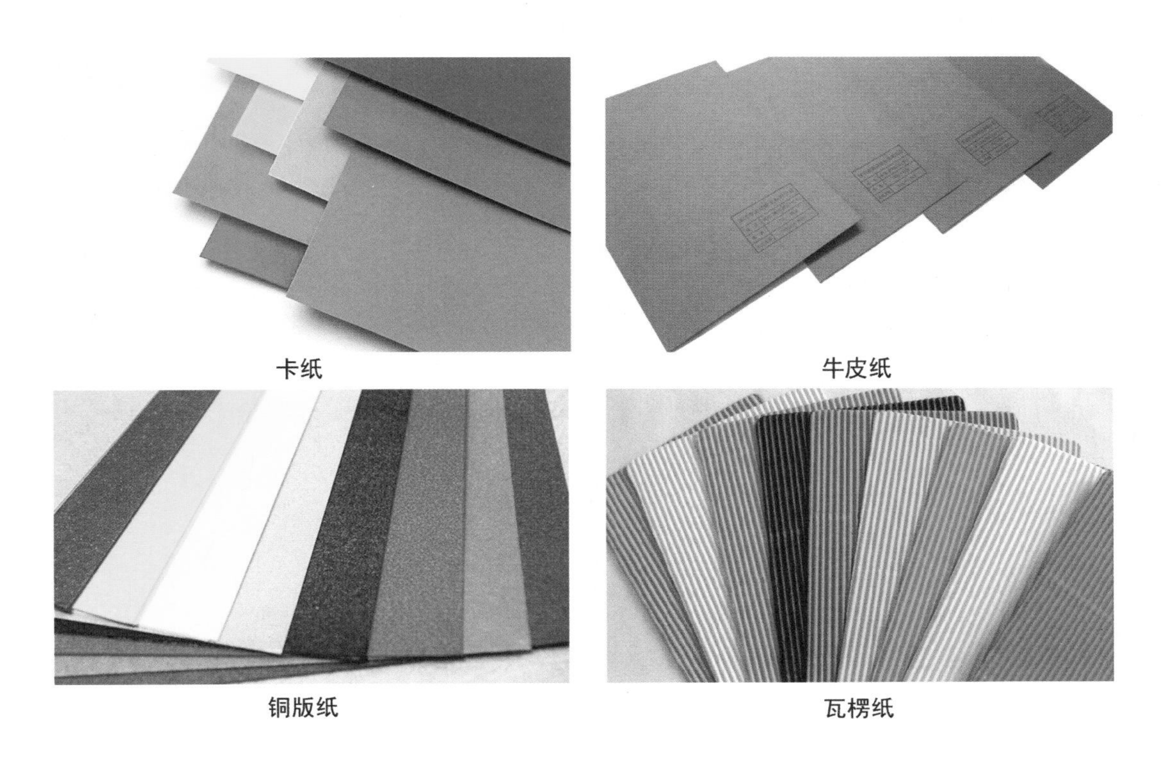

图2—4　模型制作常用纸类

性强，容易加工和变形，厚纸板具有一定的强度，可通过切、折、粘、曲等手法进行模型制作。图2－5所示为日本设计师正弘南（Masahiro Minami）用瓦楞纸制作的“摇马”儿童玩具。摇马全身采用相互交叉的瓦楞纸纸板做成，嘴巴和耳朵（扶手）采用硬纸筒做成。

图2—5　瓦楞纸“摇马”玩具

2.1.4　ABS塑料

1. ABS塑料的一般特性

ABS塑料是由丙烯腈（A）、丁二烯（B）和苯乙烯（S）聚合而成的线型高分子材料，目前，ABS塑料是世界上产量最大、应用最广泛的塑料。ABS塑料外观呈浅象牙色或瓷白色，一般不透明，无毒无味。

ABS塑料热变形温度为90℃左右，加热后可软化塑制，2mm厚的ABS平板一般的模塑温度为135℃～143℃，熔化温度为245℃～280℃，高于270℃时发生分解，易燃烧但燃烧缓慢。

机械性能良好，坚韧性强，有较高的耐磨性和尺寸稳定性，可进行车、铣、刨、锉、钻、锯等切削加工，可采用溶剂黏结。模塑性好、热收缩率较小（0.5%～0.7%）、蠕变性低，可制造尺寸精度要求较高和造型较复杂的产品。

ABS塑料具有良好的化学稳定性，不溶于大部分醇类和烃类溶剂，但溶于丙酮和氯仿（三氯甲烷）。良好的着色和表面涂装性能，表面经打磨、抛光、喷漆后可以获得令人喜爱的肌理和色彩。根据设计的要求可以进行丝网印刷、喷绘、电镀等加工。

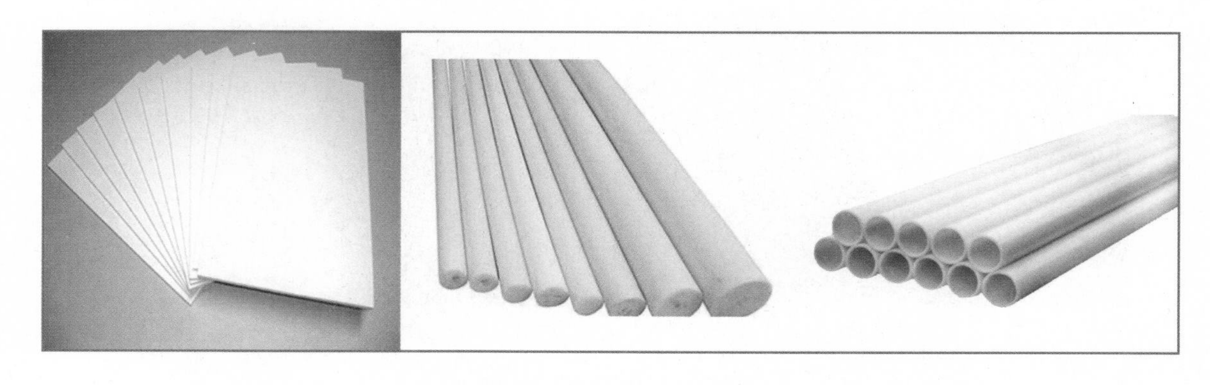

图2—6　ABS板材、棒材、管材

模型制作用ABS塑料的主要品种有板材、棒材、管材（图2－6），板材经画线、切割后可直接粘制成型，也可用于热压塑制成型，由于受手工制造者的力量限制，热压塑制成型一般只能加工1～3.5mm厚度的板材，ABS板材叠加粘成块材后可进行车、铣、刨、磨、钻等机械加工及锯、钻、磨、锉、刻等手工加工，常用氯仿作为黏结剂。

2. ABS塑料的常用加工方法

（1）对于2mm以下的板材，可用美工刀在表面划一道深浅适宜的刀痕，然后反面扳折，即可分开。遇到较长切缝和较厚板材，可采用把划过刀痕的板材沿桌边按住，然后将另一部分向下扳，同时要注意不要伤到手。

（2）常用的线锯、钢丝锯和钢锯等都很适合用来加工ABS板材。

（3）可用各种粗细锉刀和砂纸进行打磨。

（4）在ABS板上钻5mm以上的孔时，建议将钻头磨成薄板钻头的形状，使钻出的孔边缘整齐和美观，注意切削速度不要太快，以免造成材料局部熔化。

（5）采用电脑雕刻机加工ABS板材时，要注意调节切削速度和前进速度，以使板材能够顺利切开和不被熔化，保证加工出美观、整齐的合格部件。

ABS塑料多用于制作直方体、小曲面模型，可用雕刻机雕刻，也可手工裁制。由于热成型能力较强，还经常用来加热软化压模成型。可选择不同厚度，一般产品模型0.5~2mm厚度即可满足要求。这些材料加工性能好，表面光整，易于粘接，是产品模型制作中经常用到的材料。如图2－7所示为ABS塑料板制作的儿童汉字玩具模型，简洁美观。

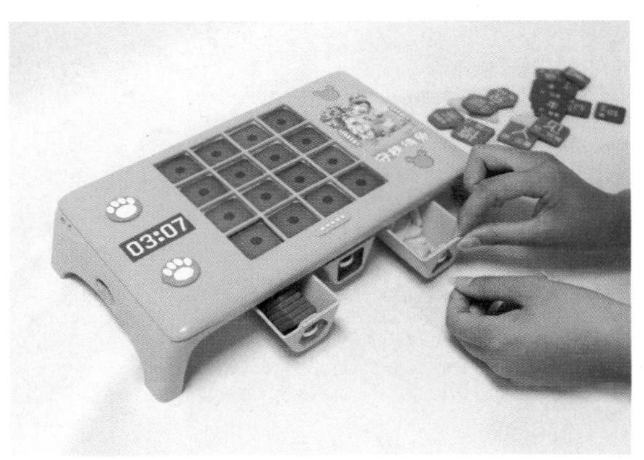

图2—7　ABS塑料制作的儿童玩具

2.1.5　泡沫塑料

1. 泡沫塑料的一般特性

泡沫塑料是由塑料颗粒，利用物理方法加热发泡；或利用化学的方法，使塑料膨胀发泡而成的塑料制品。常用的泡沫塑料分为发泡PS（聚苯乙烯）和发泡PU（聚氨基甲酸酯）两种（图2－8）。

制作模型用的PS和PU是已经发泡成型的材料，由厂方按需要切割成块状或板状直接供货。用泡沫塑料材料来加工制作模型，其优点是加工容易，成型速度快，重量轻，容易搬运，材质松软，不变形，价格低廉，具有一定强度，能较长时间保存。缺点是强度低，刚度低，怕重压碰撞，不易进行精细加工，不好修补，也不能直接着色涂饰，表面涂饰程序繁复，效果较差，易受溶剂侵蚀。

图2—8　发泡PS、PU

2. **泡沫塑料的加工方法**

泡沫塑料适宜制作形状不太复杂、形体较大的产品模型或形态构思模型。质轻、易加工，常用电热阻丝切割机进行切割成型，也可用锯子、美工刀进行切割，再用锉刀、砂纸等工具打磨进行细节修复，即可完成。如图2－9所示为运用泡沫塑料制作的飞行器模型。

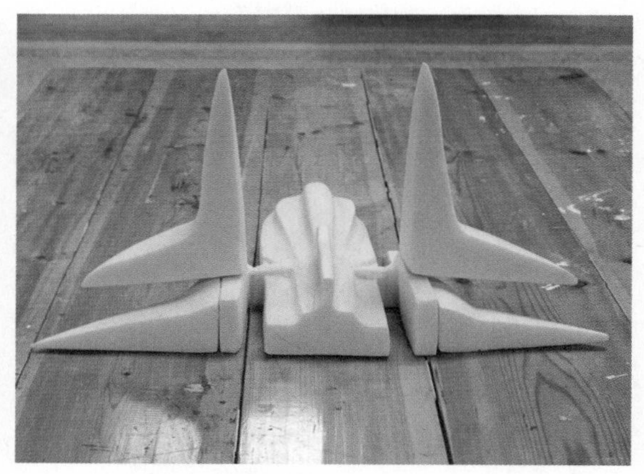

图2—9　发泡制作飞行器模型

2.1.6　油泥

1. **油泥的一般特性**

油泥是一种人工制造的材料，主要成分由滑石粉、凡士林、石蜡、不饱和聚酯树脂等根据硬度要求按一定比例混合而成。油泥的可塑性会随着组成、环境温度的变化而变化。在室温条件下的油泥呈硬固状态，附着力差，经过加热变软后才能使用。各种油泥的软化温度不同，但通常在45℃～60℃之间，如果加热温度过高则会导致油泥成分分离而性能失效。一般来说，油泥在20℃～24℃时最稳定，建议尽量在这个温度的工作环境下作业。所以在冬季使用油泥时，室内最好要有保暖设施，利于控制油泥工艺室温。

油泥优点是修改方便，易于黏结，加工效率高，不易干裂变形，可以回收和重复使用，特别适用于制作曲面造型的产品模型。缺点是不易涂饰着色，材料、工具与表面覆膜的成本比较高。油泥模型一般可用来制作概念原型、展示模型、功能试验模型。

2. **油泥的加工方法**

市场上的模型制作油泥材料一般为棒材，将棒材通过表面刮削，形成碎片状，再用烘箱或热风机加热软化后即可进行形体塑造（图2－10、图2－11）。小型模型油泥可直接塑造实体，大型模型一般要制作内部框架或原型，然后在表面贴覆，再进行进一步精细加工。

油泥棒原材

刮成碎片

加热软化

图2—10　油泥加工

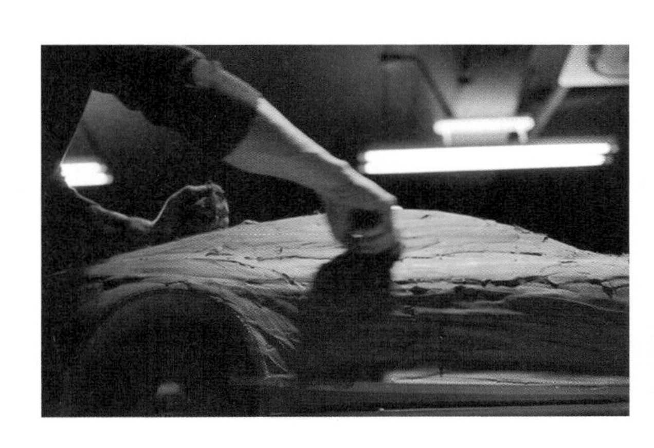

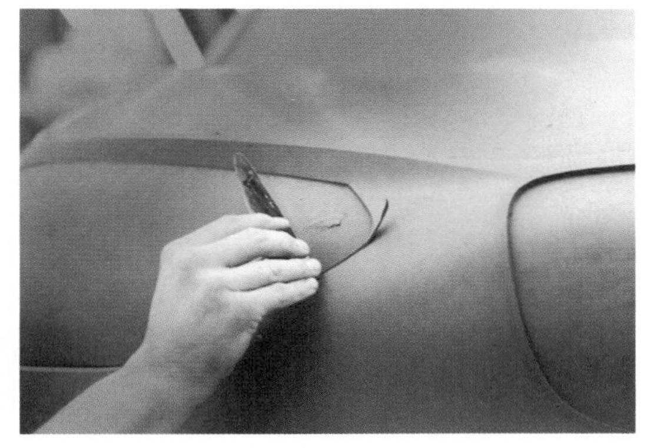

图2—11　油泥模型制作

2.1.7　木　材

木材是一种优良的造型材料，自古以来，它一直是最广泛、最常用的传统材料，其自然、朴素的特性令人产生亲切感，被认为是最富于人性特性的材料。

1. **木材的一般特性**

木材由疏松多孔的纤维素和木质素构成，因树种不同，密度也不同。木材具有天然的色泽和美丽的花纹，不同树种的木材或同种木材的不同材区，都具有不同的天然悦目的色泽和纹理。经旋切、刨切等多种方法还能截取或胶拼成种类繁多的花纹（图2－12）。木材具有良好的加工性，加工完成后，还可进行表面的涂饰和贴覆，以提高木制品的表面质量和防腐能力，延长木制品的使用期限，增强制品的外观美感效果。

图2—12　不同类型木材纹理

2. **木材的加工方法**

在制作木质模型时，常用的加工方法有以下几种：

(1) 锯割

锯割是木材成型加工中最基本的加工方法。随着现代加工工具的发展，电锯成为木材下料、切割的主要电动工具。如图2－13所示为手锯切割和电锯切割。

图2—13　手锯切割和电锯切割

（2）刨削

木材在进行锯割之后，难免表面粗糙，线条不流畅。刨削可以修整线条，使表面肌理光滑，为下一步加工提供形状、尺寸准确的木料（图2－14）。

图2—14　手刨和电刨

（3）凿铣

常见木制品多为榫卯结构。榫卯的凿削是木质零件结合的基础操作。铣削机床能很好地对木材曲线外形进行处理加工，尤其是回转体表面加工。如图2－15所示为手电钻打孔；图2－16所示为手工铣削车床上的木质材料。

图2—15　手电钻打孔

图2—16　铣削车床

木质模型加工由于其专业性较强，在教学实验中，一般需要专业的木工师傅作为指导，以保证操作的安全性和工艺的美观性。如图2－17所示为木材加工模型。而在教学实验对ABS塑料的压膜过程中，一般采用密度板作为原型模具进行加工。密度板密度均匀，易于加工，更容易打磨和切割，且硬度适中，比其他材料更有优势。需要较大体积时，可以多层板粘接在一起。不过密度板为工业合成的板材，含有对身体有害的物质，作业过程中要充分做好劳动保护，戴上口罩、手套。如图2－18所示为密度板制作的鼠标凸模。

图2—17　木质家具模型

图2—18　密度板制作鼠标凸模

2.2　粘接材料

2.2.1　常用粘接材料

（1）双面胶、固体胶、泡沫胶。

（2）乳白胶——适用于粘木材、泡沫塑料、瓦楞纸等，注意涂好后须晾半干后再黏合。

（3）氯仿——用于ABS板、有机玻璃等；注意正确使用注射器进行粘接，黏合速度快、效果好。

（4）玻璃胶——有无色与白色两种，可用来粘玻璃、木材、陶瓷等。

（5）丙酮——用于粘各类有机塑料、玻璃等。

（6）AB胶——用于粘各类金属。

（7）万能胶——用于粘各类塑料、木材、橡胶等，如502、立时得等（图2－19）。

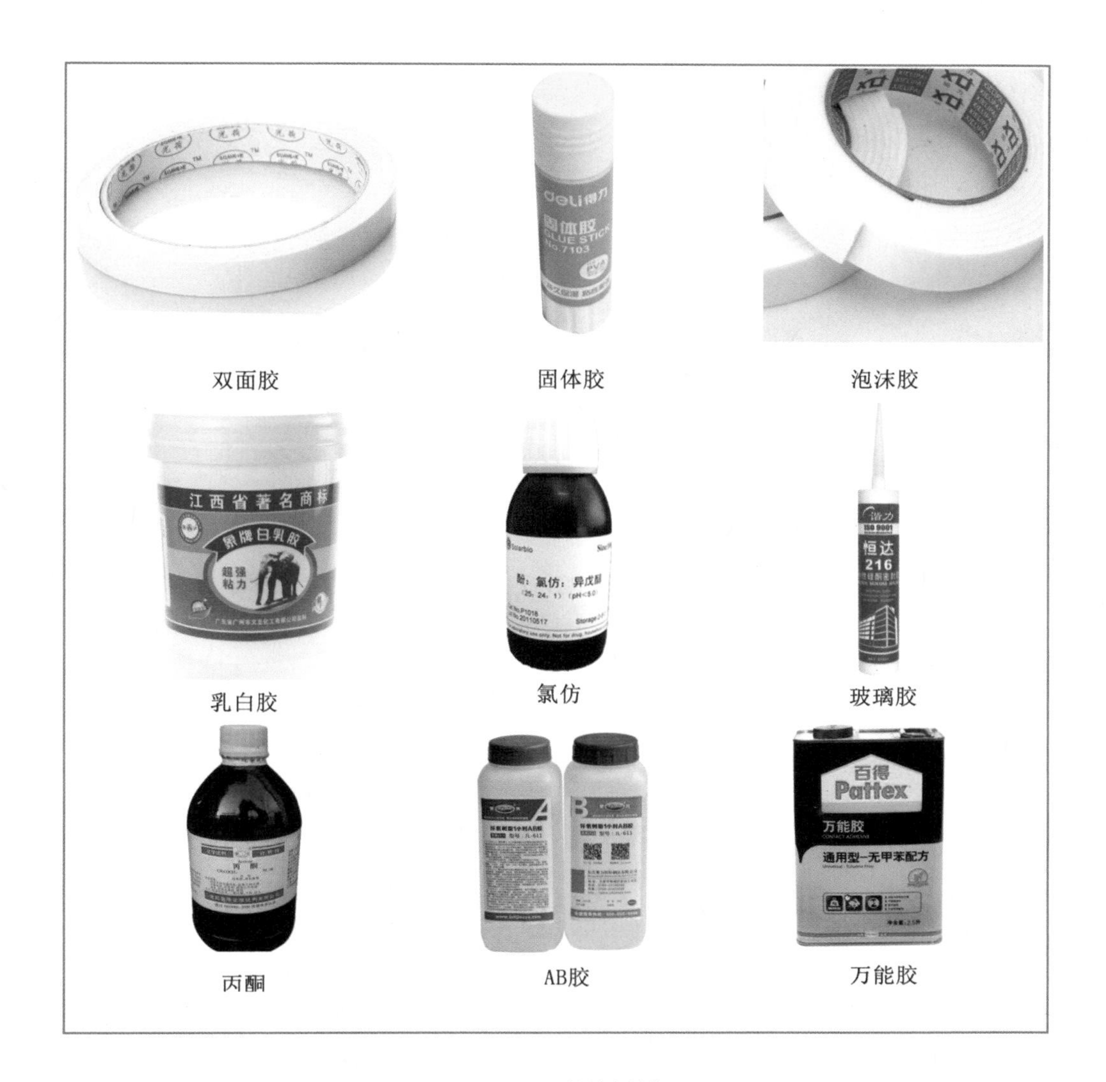

图2—19　粘接材料

注意：如果是粘透明件，最好用不起白雾的胶水，如田宫的流缝胶和田宫CA胶就很好。

2.2.2　粘接的操作方式及步骤

粘接方式：

刷漆、喷漆、注射液等。

注意：依材料选择合适的胶粘剂；被粘物须进行表面处理，不得有油污、脏污等；设计粘接面时应尽量扩大粘接面积，如套接、槽接等。

工艺步骤：

被粘接物表面处理—选配胶—涂胶—晾置—贴合—固化。

粘接的安全知识：

（1）胶黏剂均有一定毒性及刺激性，会导致中毒的途径有：消化道、呼吸道、皮肤表面。

（2）安全措施：良好的通风，如排气扇的使用；戴口罩、手套、眼镜，穿工作服等；在操作时，严禁进食、饮水，完毕后洗手、淋浴；注意防火，将其置于阴凉处。

2.3　装饰材料

（1）油漆、油画颜料。

（2）广告色、丙烯水粉颜料。

（3）各色不干胶。

（4）人造革。

（5）其他材料。

① 腻子灰（水：石膏粉：胶＝3：6：1）。

② 油漆稀释液：使用喷笔或手涂时，必须把瓶装的颜料专用油漆稀释液稀释，如希望产生光泽，可在稀释时加入笔纹消除剂。建议不要使用香蕉水来稀释，因为可能会造成部件腐蚀。

③ 遮盖胶带：是涂色时为了保护原有的颜色或控制喷涂的区域所使用的特殊胶带。它的黏性不强，不会破坏漆层，而且可以自由弯曲和切割（图2－20）。

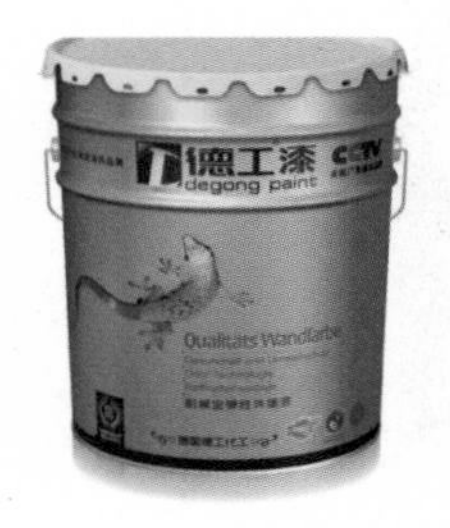

油漆

油画颜料

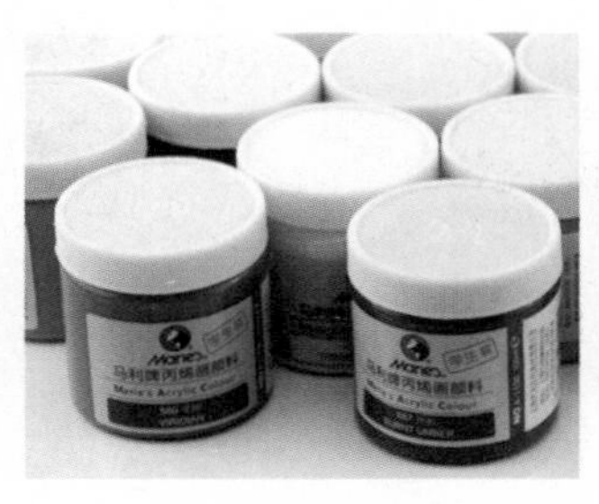
广告色、丙烯水粉颜料

不干胶

人造革

腻子灰

油漆稀释液

遮盖胶带

图2—20　装饰材料

本章练习与思考

1. 模型制作常用成型材料有哪些及各自特征？

2. 粘接材料使用时应注意哪些事项？

第3章　模型制作工作间与配置

3.1　安全检查

模型制作的首要原则即是安全。而在模型制作过程中，由于材料、设备、操作方法等原因，有可能使学生处于危险之中。如机械机器、锋利的工具、灰尘、化学物质等。因此在模型制作过程中必须时刻强调安全问题，培养学生的安全意识，使其认清每一步制作的方法和目的，注意自身及周围人的安全，做好环境安全检查和自身防护措施。

学生应该熟悉利用的材料和工具，从而意识到潜在的危险。遇到不清楚的地方要去咨询教师或是实验管理人员，不能盲目操作。

3.1.1　环境

实验环境要保持整洁，及时处理废弃物和清理现场。必须严格按照处理废物的要求和材料使用的相关法律进行。在工作间里，不要使用漆料、化学物质或有机溶剂填充剂。对于可燃或易燃材料要安全存放。实验设备要定期安全检查，排除隐患。工作间的危险物质需要贴上相应的警示标签，注明健康与安全信息。同时，工作环境应具有充足的通风条件或适当的吸尘设备。

3.1.2　个人防护措施

学生在模型实验室进行模型制作，应严格遵守模型实验室相关制度。在模型制作中，运用正确的材料、工具使用方法，并做好个人安全防护措施，尽可能排除各种危险。

1. 防护头盔

防护头盔在模型制作过程中的主要作用并不是保护头部，而是防止头发散落卷入机器中造成危险，另外也起到防碎屑和防尘作用。如图3－1所示。

图3—1　安全头盔

图3—2　防护眼镜

2. **防护眼镜**

使用机床工具或可能意外碎裂的锋利设备时，要戴好防护眼镜，保护眼睛免受飞扬碎屑物质的威胁。如图3－2所示。

3. **防尘口罩或面具**

防尘口罩或面具是要防止个人吸入因打磨各种材料而产生的灰尘。这些材料包括发泡碎屑、塑料碎屑、木料碎屑等。如图3－3所示。

4. **工作手套**

模型制作中工作手套主要分乳胶手套和棉手套。在处理和使用化学物质时，需要佩戴乳胶手套，在拿取烘箱中的加热材料，或用加热软化的ABS板压模时，则需要佩戴棉手套，以防烫伤手。另外需要注意的是，在使用砂轮机、电钻等工具操作时，不可佩戴手套，以防手套边角卷入机器造成伤害。如图3－4所示。

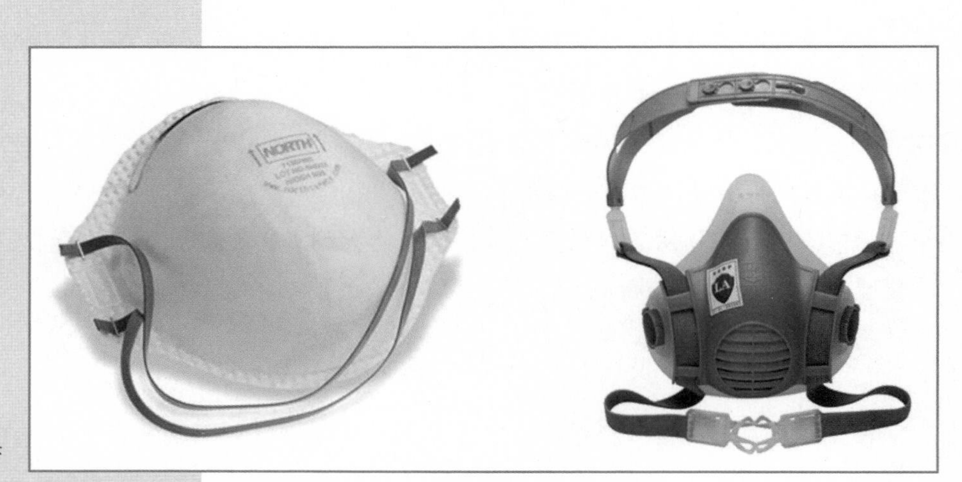

图3—3　防尘口罩和防尘面具

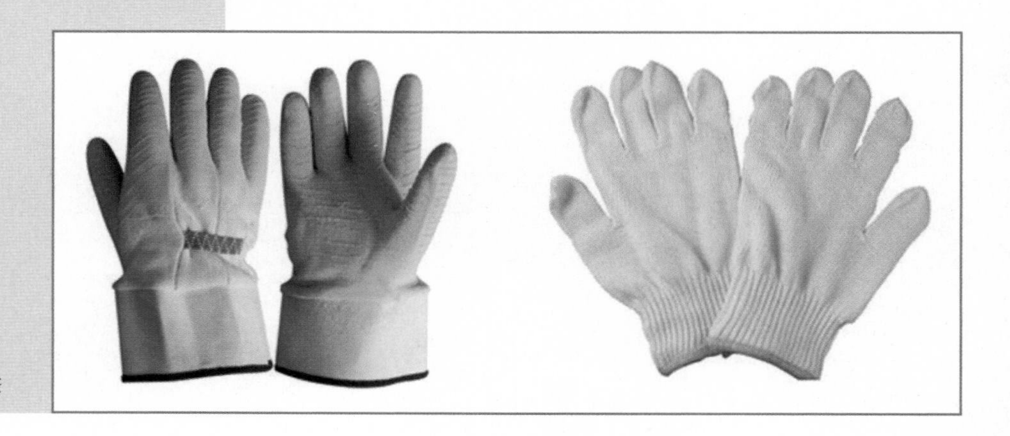

图3—4　乳胶手套和棉手套

5. **耳朵保护设备**

长时间处于噪声很大的环境中可能会对听力造成损害，比如失聪和耳鸣。可根据情况使用耳栓或是佩戴耳罩。

6. **服饰、鞋类、头发、首饰**

在模型制作过程中，不能穿宽松的衣服，特别是袖口部位一定要束紧，也不要佩戴首饰，因为可能会缠在机床工具上造成伤害。同理，长头发的同学一定要把头发向后扎起来，并戴好安全帽。鞋子应该完全盖住和保护双脚，以避免掉落的物体或化学物质造成伤害。

3.2 工作间

模型制作的种类有很多，制作模型的方法有很多种，一般根据不同模型的类别和制作方法分为不同的工作间。如金工工作间、木材工作间、油泥工作间、公共工作间等。很多专业设计工作室让设计师使用简易的模型制作设备，制作用于研究和测试的模型，然后将更高级或更精细的模型制作任务委托给专业的模型制作公司。一般而言，校内学生制作的模型多为探究性的模型，用于设计方案的分析和评估，制作的简单模型远多于更复杂的模型，只需要不是过于复杂的工具和设备，而外包出去的模型多是用于验证和展示。如图3－5所示为公共模型工作空间。

图3—5 公共模型工作空间

3.3 基本配置

3.3.1 工作台

工作台是模型制作的基础设施，也是影响模型制作优劣和模型制作安全的关键因素。工作台应该干净而稳固，能够在上面简易切割和锉削坚硬工件。如对ABS板、发泡塑料的切割和打磨。

3.3.2 台虎钳

台虎钳是固定硬质材料的一种简易而必备的装备，如木材、高密度泡沫、金属等。当锯切和锉削这些材料时，可以把它们固定在台虎钳上，因为单纯用手握持这些材料不能保持稳定性，也非常不安全。台虎钳通过螺栓固定在工作台上，通常可以倾斜和旋转，其硬虎钳口可以固定工件。也可以使用软虎钳口，软虎钳口是用铝片和橡胶衬片做成的嵌块，能够防止工件损坏。如图3－6所示。

3.3.3 喷漆柜

模型制作过程中，喷漆是一个不可少的步骤，学生一般使用手持自喷漆，喷漆过程中产生的油漆细微颗粒容易散布在空气中对人体造成伤害。喷漆柜一方面能够及时抽离空气中的油泥细微颗粒，另一方面可保持工作环境的整洁，避免油漆喷到地面不易清洗。如图3－7所示。

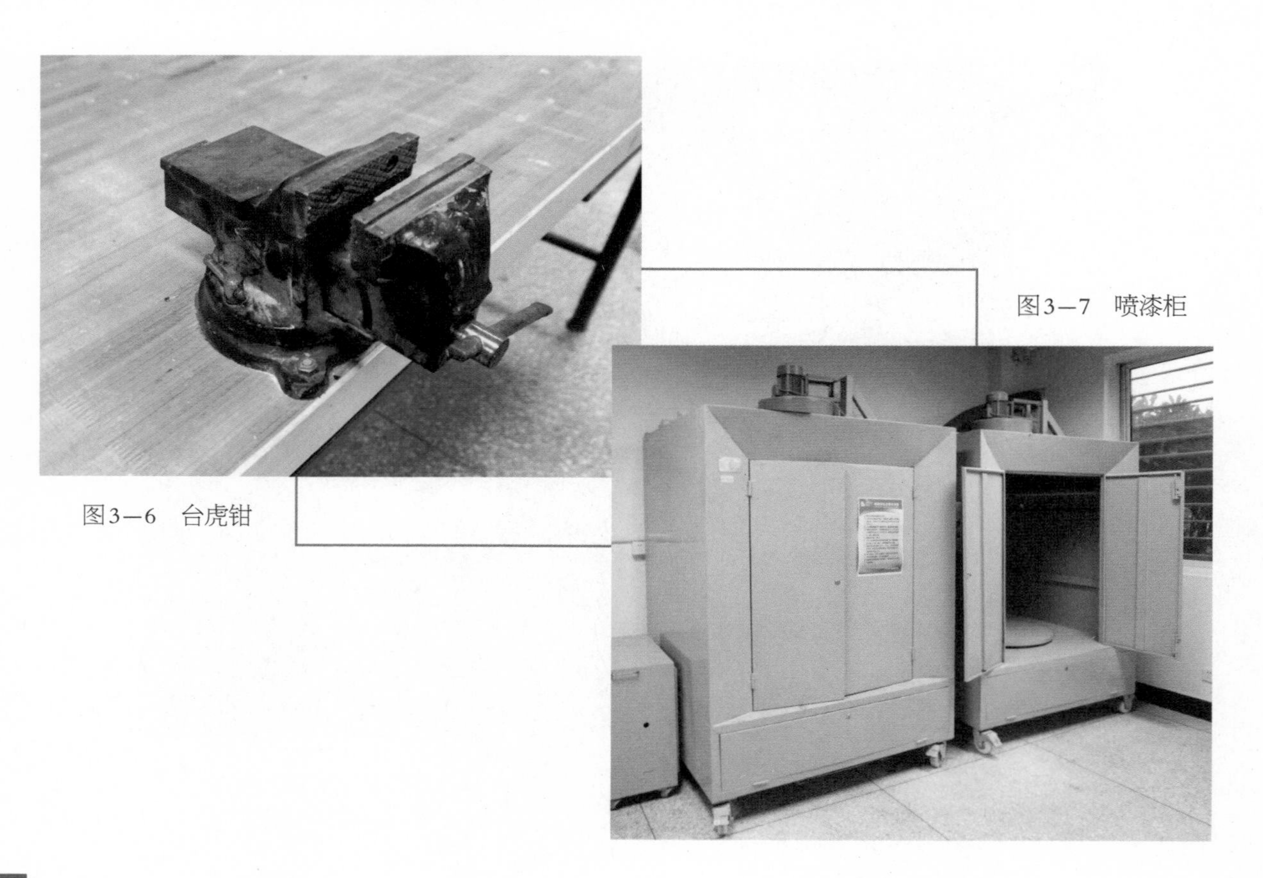

图3—6　台虎钳

图3—7　喷漆柜

3.3.4　照明设备

良好的照明条件是工作的基础，可以观察得更加清楚细致，保证模型的加工精度。一般模型实验室都有公共的照明设施。但如果要处理微小细节部分，可以考虑购买简易的具有放大功能的照明设备。对于细微部分制作和检查模型，效果都非常好。

3.3.5　吸尘设备

由于在模型制作过程中经常需要对材料进行打磨，容易产生灰尘。特别是使用一些电动工具进行打磨时，必须要配备相应的吸尘设备，可根据工作量的不同进行选择使用，以保证工作环境的清洁。

本章练习与思考

1. 模型制作安全检查包括哪些内容？
2. 模型制作基本配置有哪些？

第4章 模型制作常用工具、设备与使用

“工欲善其事，必先利其器。”产品模型的制作，如果离开了工具将无法进行。模型制作过程中，要根据不同的步骤、不同的材料选用合适的工具和设备。而且随着现代模型制作、加工技术手段的不断完善，可利用现代化的设备和手段，来优化模型制作过程，提高工作效率。

根据功能可以划分为测量类工具、切割类工具、打磨类工具、钻孔类工具、加热类工具以及快速成型设备等。

4.1 测量类工具

模型制作过程中，从前期的放样、下料，到制作过程中的零部件加工，直至最后的安装和调整，整个过程都必须使用各种量具对模型的尺寸、位置、形状不断地进行测量，以保证其加工精度。模型制作所使用到的量具多种多样，学生要学会正确使用量具，按规范操作，有助于培养学生注重科学、一丝不苟的良好作风。

常用的量具有钢直尺、直角尺、R规、游标卡尺、万能角度尺、高度尺、水平仪等。

4.1.1 钢直尺

钢直尺是最简单的长度量具，它的长度有150mm，300mm，600mm和1000mm四种规格，如图4－1所示。钢直尺可以用来测量长度、宽度、外径、内径、厚度、螺距、深度等，还可以用来画线，应用范围很广。

4.1.2直角尺

直角尺是具有至少一个直角和两个或更多直边的，用来画直角或检验直角的工具。亦称矩尺、角尺，在有些场合还被称为靠尺，如图4－2所示。它用于检测工件的垂直度及工件相对位置的垂直度，有时也用于画线。适用于模型的垂直度检验、加工、定位、画线等，它的特点是精度高，稳定性好，便于维修。

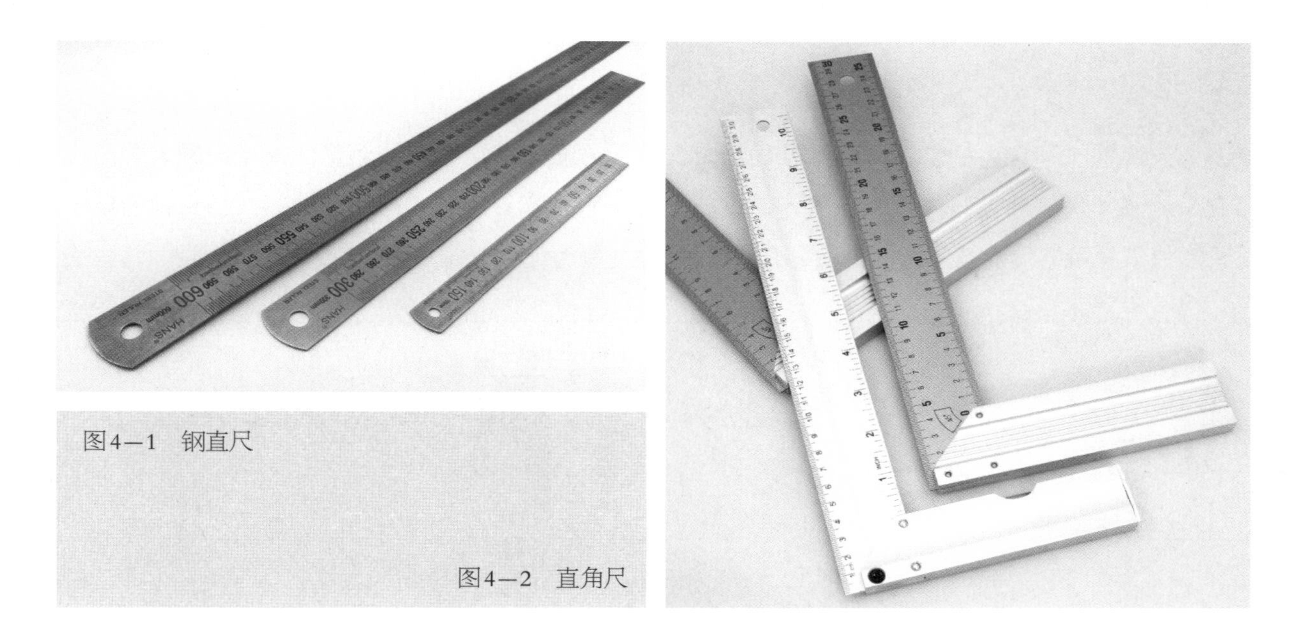

图4—1　钢直尺

图4—2　直角尺

4.1.3　R规

R规，也叫R样板、半径规。这里说的“R”是代表圆弧的意思。R规是由许多层圆弧半径不一的薄钢片组成，每一片上都标有表示半径大小的数字。R规是利用光隙法测量圆弧半径的工具，可以测量内圆弧和外圆弧。测量时必须使R规的测量面与工件的圆弧完全紧密地接触，当测量面与工件的圆弧中间没有间隙时，工件的圆弧度数则为此时对应的R规上所表示的数字，如图4－3所示。

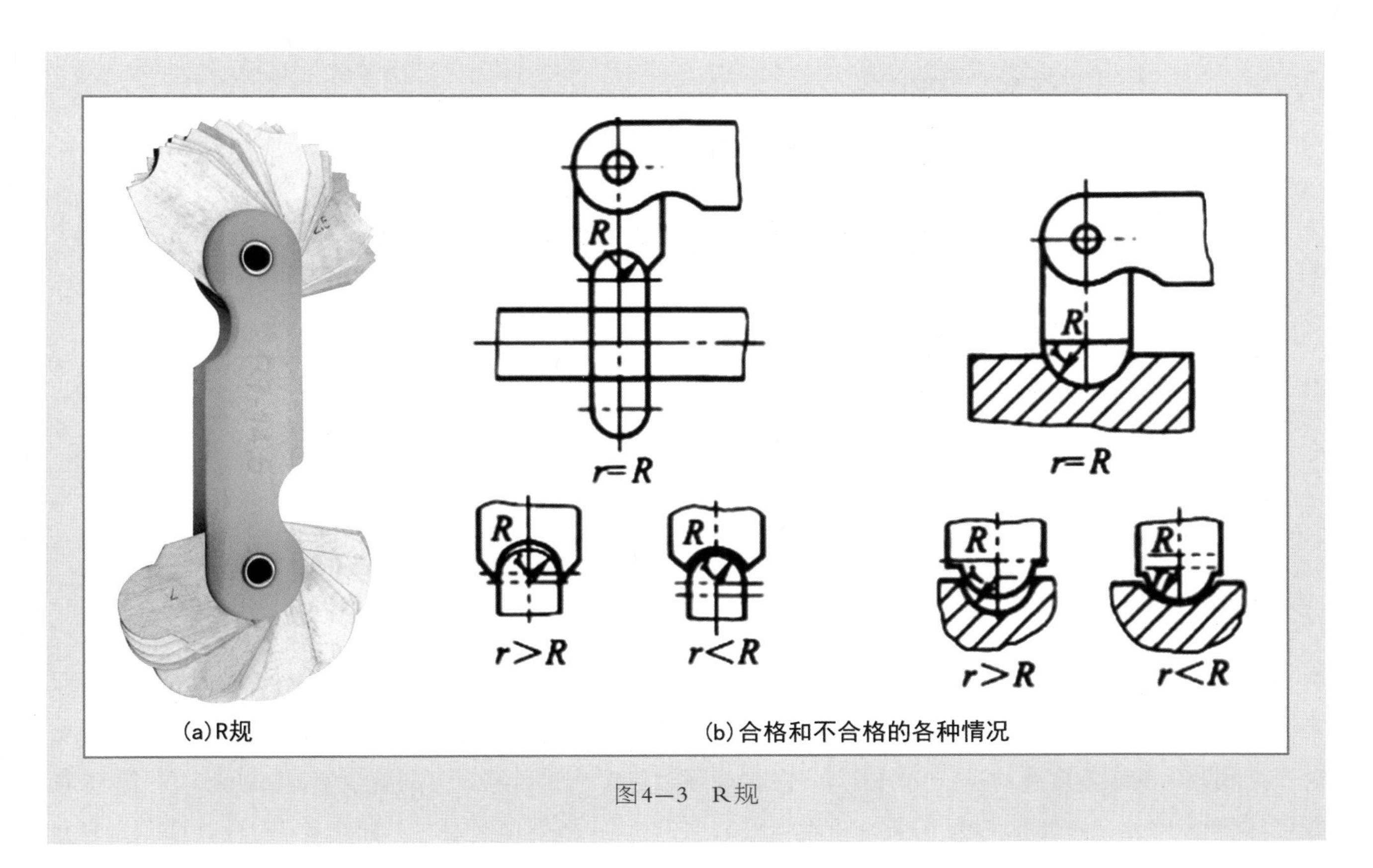

图4—3　R规

4.1.4 游标卡尺

游标卡尺是一种常用的量具，具有结构简单、使用方便、精度中等和测量的尺寸范围大等特点，可以用它来测量零件的外径、内径、长度、宽度、厚度、深度和孔距等，应用范围很广。目前有电子游标卡尺，增强了测量的精确性和使用的便利性。如图4－4所示。

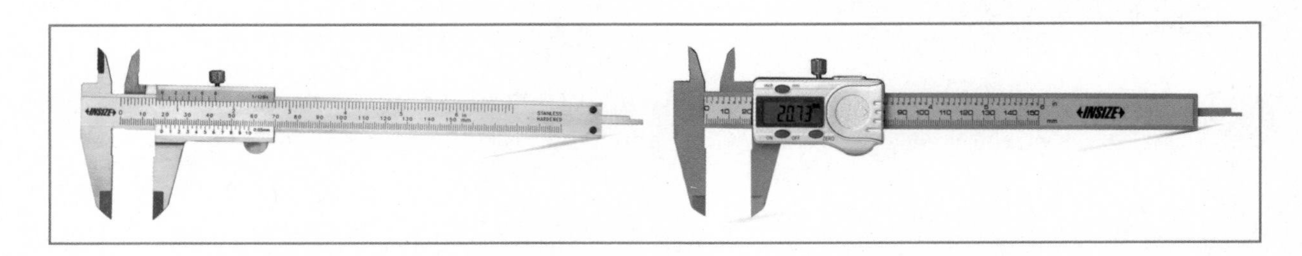

图4—4 游标卡尺

1. 游标卡尺的结构

通常游标卡尺由尺身、上量爪、尺框、紧固螺钉、深度尺、游标、下量爪组成，如图4－5所示。游标是一个整体，游标与尺身之间有一弹簧片，利用弹簧片的弹力使游标与尺身靠紧。游标上部有一紧固螺钉，可将游标固定在尺身上的任意位置。尺身和游标都有量爪，利用内测量爪可以测量槽的宽度和管的内径，利用外测量爪可以测量零件的厚度和管的外径。深度尺与游标尺连在一起，可以测槽和筒的深度。

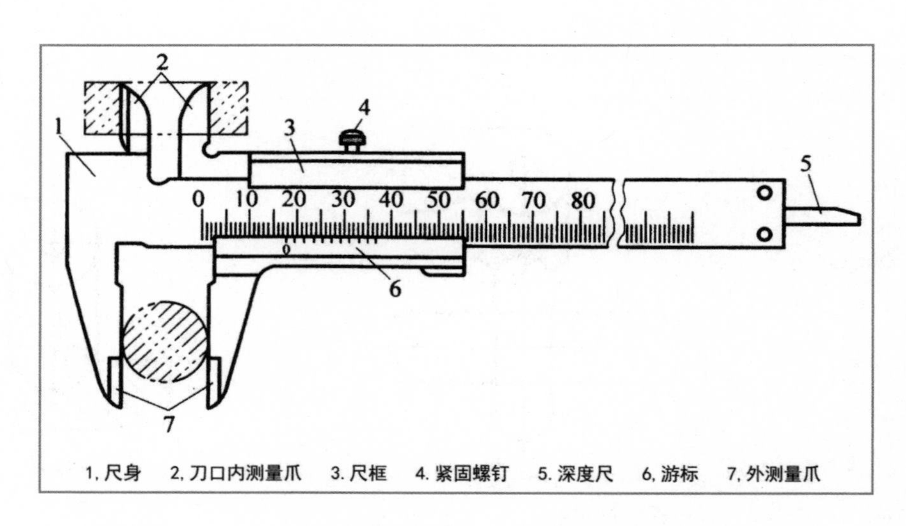

图4—5 游标卡尺结构部件

2. 游标卡尺的读数原理和读数方法

尺身和游标尺上面都有刻度。以准确到0.1mm的游标卡尺为例，尺身上的最小分度是1mm，游标尺上有10个小的等分刻度，总长9mm，每一分度为0.9mm，与主尺上的最小分度相差0.1mm。量爪并拢时尺身和游标的零刻度线对齐，它们的第一条刻度线相差0.1mm，第二条刻度线相差0.2mm……第10条刻度线相差1mm，即游标的第10条刻度线恰好与主尺的9mm刻度线对齐，如图4－6（a）所示。当量爪间所量物体的线度为0.1mm时，游标尺向右应移动0.1mm。这时它的第一条刻度线恰好与尺身的1mm刻度线对齐。同样当游标的第5条刻度线跟尺身的5mm刻度线对齐时，说明两量爪之间有0.5mm的宽度，如图4－6（b）所示，依此类推。

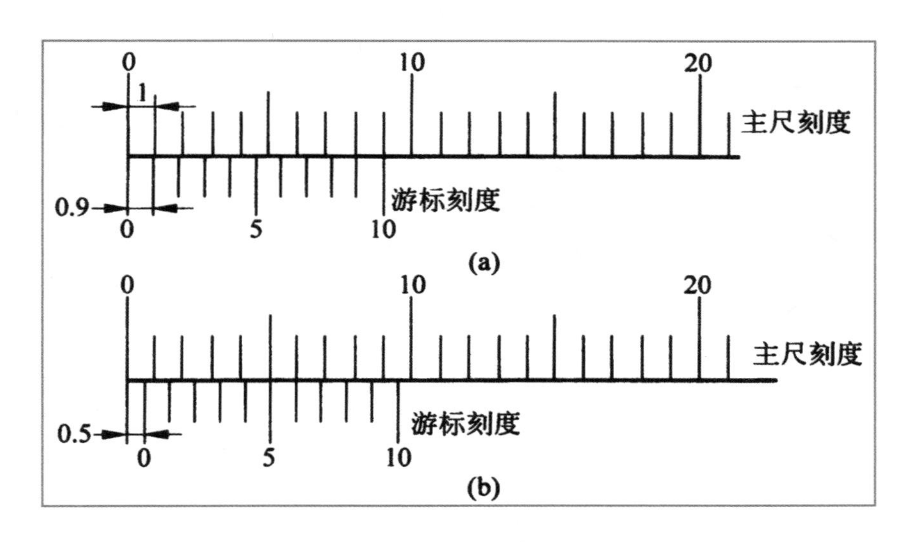

图4—6　游标卡尺读数原理

游标卡尺的读数步骤：

（1）以游标零刻度线位置为准，在主尺上读取整毫米数；

（2）看游标上哪条刻线与主尺上的某一刻线（不用管是第几条刻线）对齐，由游标上读出毫米以下的小数；

（3）总读数为毫米整数加毫米小数之和。

4.1.5　万能角度尺

万能角度尺主要用于测量一般的角度、长度、深度、水平度，以及在圆形工件上定中心等，又称万能钢角尺、万能角度尺、组合角尺。它由钢尺、活动量角器、中心角规、固定角规组成，如图4－7所示，其钢尺的长度为300mm。

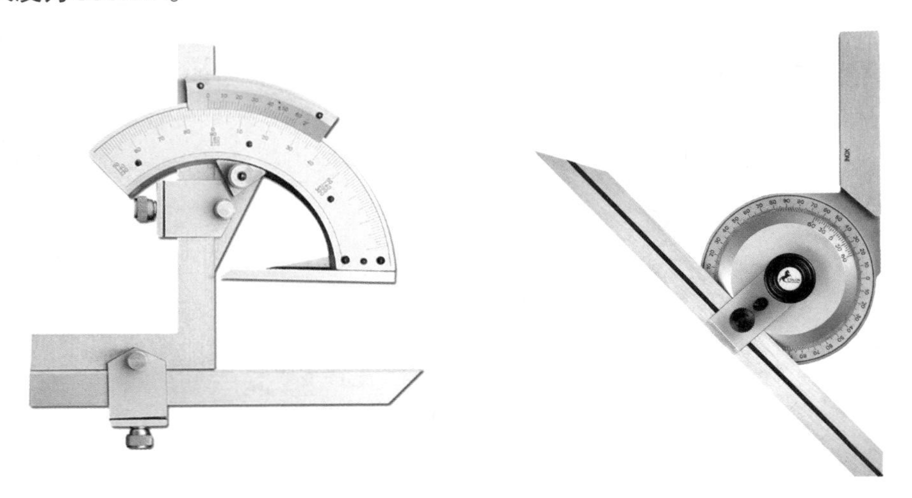

图4—7　万能角度尺

（1）钢尺是万能角度尺的主件，使用时与其他附件配合。钢尺正面刻有尺寸线，背面有一条长槽，用来安装其他附件。

（2）活动量角器上有一转盘，盘面刻有0°~180° 的刻度，当中还有水准器。把这个量角器装上钢尺以后，可量出0°~180° 范围内的任意角度。扳成需要角度后，用螺钉紧固。

（3）中心角规的两条边成90° 。装上钢尺后，尺边与钢尺成45° 角，可用来求出圆形工件的中心。

（4）固定角规有一长边，装上钢尺后成90° 。另一条斜边与钢尺成45° 。在长边的一端插一根划针作画线用。旁边还有水准器。

4.1.6 高度尺

高度画线座尺由钢直尺和底座组成。需要在工作平台上使用，调整划针在平台上的高度后，可在模型上画出需要的等高线，如图4－8所示。

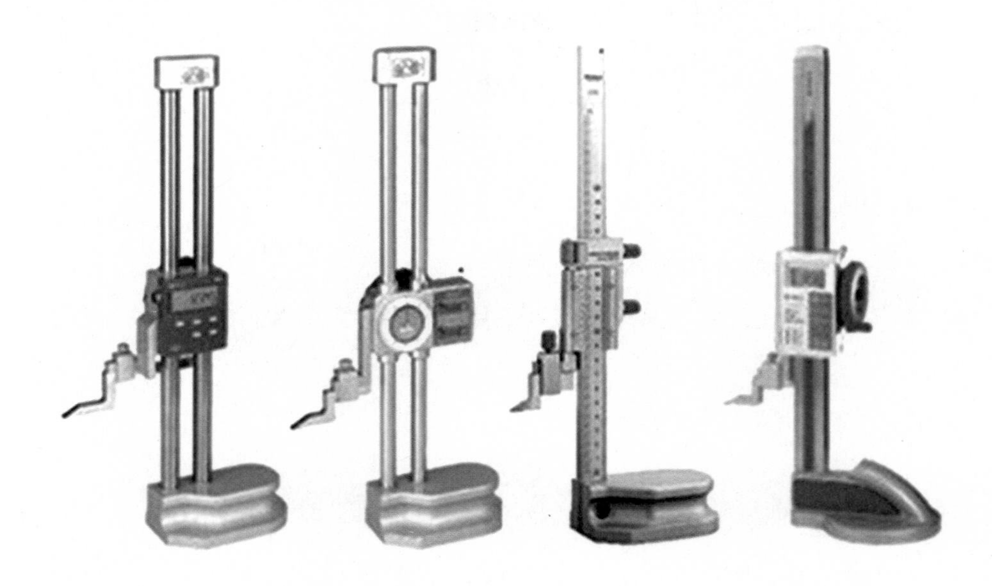

图4—8 高度尺

4.1.7 水平仪

水平仪是测量角度变化的一种常用量具，主要用于测量模型相互位置的水平相互位置以及设备安装时的平面度、直线度和垂直度，也可测量模型的微小倾角。水平仪由金属主体和水准器组成，如图4－9所示。水准器由封闭的玻璃管组成，内装有酒精或乙醚，并留有一小气泡，外表面上有等分刻度。使用时，将水平尺放在模型工件的平面上，如果模型表面为水平状态，则水准器的气泡应该静止在刻度线中间位置。

水平仪的使用方法：

（1）水平仪的测量面是测量精度的基准，在测量中不能与工作的粗糙面接触或摩擦。安放时必须小心轻放，避免因测量面划伤而损坏水平仪和造成不应有的测量误差。

（2）用水平仪测量模型的垂直面时，不能用力向工件垂直平面推压，这样会因水平仪的受力变形，影响测量的准确性。正确的测量方法是使水平仪平稳、垂直地（调整气泡位于中间位置）贴在工件的垂直平面上，然后从纵向水准读出气泡移动的格数。

图4—9　水平仪

4.2　切割类工具

用金属刃口分割模型材料或工件的加工方法称为切割，用来进行切割加工的工具称为切割工具。常见的切割工具有刀类、锯类、电热切割器等。切割工具都是利器，使用时务必按照正确的方法操作，以免伤害自己、他人、工具及工件。

4.2.1　刀类切割工具

1. 美工刀

美工刀也称多用刀，如图4－10所示，有大小多种型号，多由塑料刀柄和刀片两部分组成，为抽拉式结构。也有少数为金属刀柄。刀片多为斜口，用钝后可顺着刀片上的刻线折断，出现新的刀锋，方便使用。

图4—10　美工刀

美工刀常用于画线，切割薄型纸板、木板、塑料板等。使用美工刀时通常只使用刀尖部分，但在切割塑料板时，由于塑料板的塑性与黏性，用刀尖切割时容易滞刀，而用刀背切割可以在切割过程中去除部分材料，使得切割更流畅，这与勾刀的使用方法相同。美工刀刀身很脆，使用时不能伸出过长的刀身。刀柄的选用也应该根据手型来挑选，还有握刀手势通常都会在包装背后有说明。

需要注意的是，很多美工刀为了方便折断都会在刻线工艺上做处理，但是这些处理对于惯用左手的人来说可能会比较危险，使用时应多加小心。另外，美工刀运动方向不要对着自己和他人的身体部位，防止用力过猛后，超出控制范围而伤人。

2. **勾刀**

勾刀与美工刀的构造基本相同，如图4－11所示，不同的是勾刀刀尖部位的斜角在运动方向的反方向，在运动方向一侧有约0.5mm的厚度，这种形状有利于在切割材料时勾去部分材料，使得切割非常流畅，常用于切割厚度小于10mm的有机玻璃板及其他塑料板。用勾刀切割板材时，用定位尺作为靠模，将勾刀沿所画线的边缘用力拉切，当切割深度达到约1／2时，将加工板放到工作台上，将板的一端悬空，未悬空的一端用丁字尺或其他板材沿线压住，对悬空的一端用力一压即可断开。

3. **剪刀**

剪刀的形状、大小、长短多种多样，可分为剪切软质材料的普通剪刀和剪切薄金属板材的铁剪刀，如图4－12所示。铁剪刀有直剪口和弯剪口之分，须按用途选用。

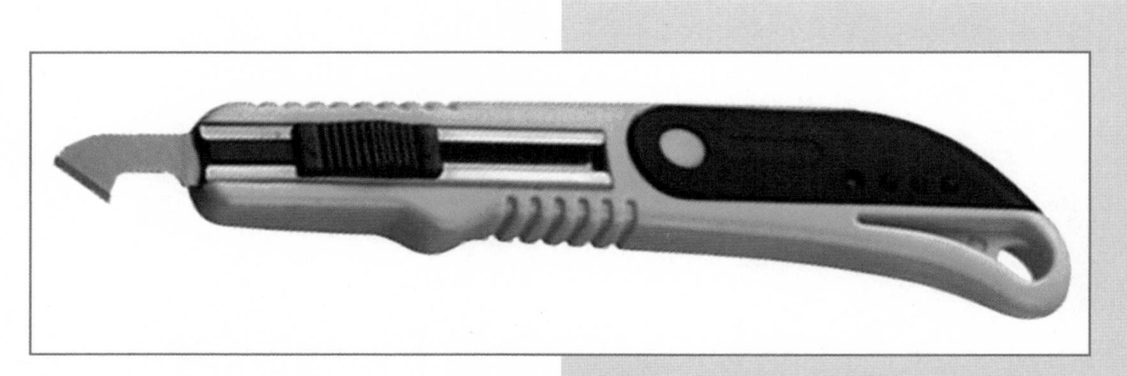

图4—11　勾刀

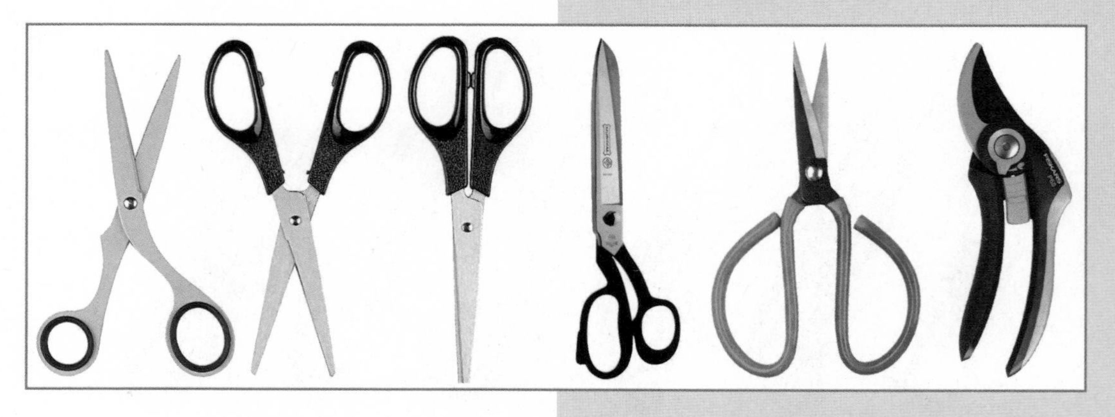

图4—12　剪刀

4.2.2　锯类切割工具

锯类切割工具是模型制作用来进行锯削材料和形体的工具，分为手动锯和电动锯两类。手动锯一般由操作手柄和锯条两部分组成，有钢锯、钢丝锯、木框锯、板锯、圆规锯等；电动锯主要用来帮助人们切割那些仅靠人力无法或很难切割、体积较大、硬度较高的物件。常用的电动切割工具有手提式电动曲线锯、台式电动曲线锯、圆盘锯等。

1. 钢锯

钢锯由锯弓和锯条两部分组成，锯弓的作用是安装和张紧锯条，有活动式与固定式两种，锯弓两端各有一个夹头，锯条孔被夹头上的销子插入后，旋紧翼形螺母就可把锯条拉紧。钢锯适用于金属、塑料、木材等多种材料的切割。钢锯是在向前推进时进行切削的，所以锯条安装时要保证锯齿的方向正确，如图4－13所示。锯条的松紧在安装时也要控制适当，太紧使锯条受力太大，在锯削中稍有卡阻而受到弯折时，就很易崩断，太松则锯削时锯条容易扭曲，也很可能折断，而且锯缝容易发生歪斜。装好的锯条应使它与锯弓保持在同一中心平面内，这对保证锯缝正直和防止锯条折断都比较有利。

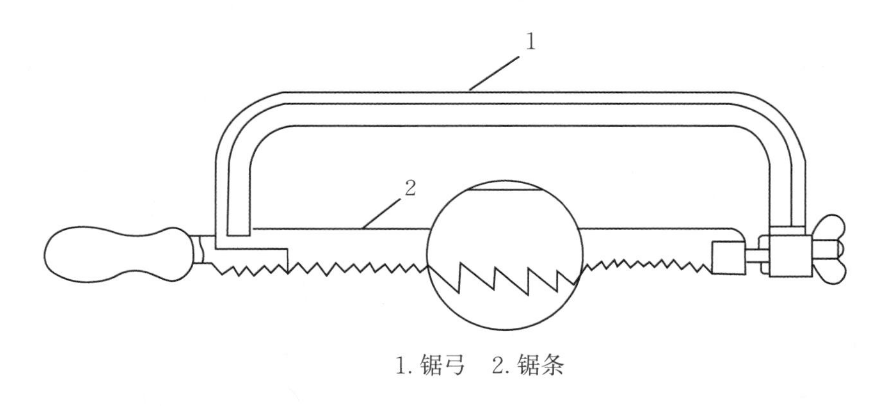

1. 锯弓　2. 锯条

图4—13　钢锯锯条安装方向

2. 钢丝锯

钢丝锯的锯条很细，如图4－14所示，可用于复杂曲线切割，也可用于开各种直径的孔。钢丝锯适用于薄纸板、木板、塑料板等材料的曲线切割，常用于切割镂空部件。曲线切割时，先在板材上钻一个孔，将锯条从孔中穿过，再将锯条安装在锯框上，然后沿线锯削。

3. 木框锯

木框锯是木材锯削的主要工具之一，如图4－15所示。木框锯的握手柄和锯梁是用不易变形的硬质木料制成。锯条的两端用两个可以转动的扭柱拉牢，利用绞板和张紧绳的作用，将锯条拉直张紧。木螺丝的作用是保护木框锯的张紧

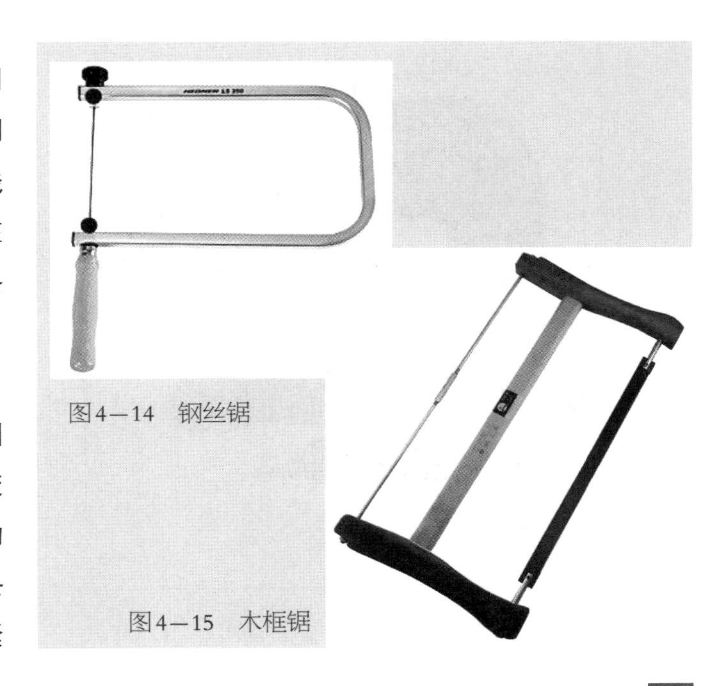

图4—14　钢丝锯

图4—15　木框锯

绳，防止木框锯放在地上时绳子与地面摩擦。木框锯又可分为阔锯、窄锯、小锯三种，其结构相同，只是锯齿的齿距及锯条的宽窄、长短不同而已。锯子不用时，最好将张紧绳放松，以免绳子崩断，可延长框锯的使用寿命。

4. 板锯

板锯的锯片薄而宽，如图4－16所示，是专门用来直接锯削比较宽，而木框锯不能锯的木料。它的特点是不仅使用方便，并且锯削出来的木板很直。

图4—16 板锯

5. 手提式电动曲线锯

手提式电动曲线锯是一种在板材上可按曲线进行锯切的电动往复锯，如图4－17所示，主要由电动机、齿轮减速器、曲柄滑块机构、平衡机构、锯条夹紧装置、电源开关等组成。

手提式电动曲线锯的使用方法及注意事项：

（1）锯条的安装。拧松锯条夹座螺丝，锯条齿面向前方，将锯条插入夹座的最深处，然后拧紧螺丝。工作一定时间后，要检查一下螺丝是否松动，要始终保持螺丝紧固。

（2）导轮的调整。导轮用于工作时防止锯条折断。安装锯条时，要确保锯条背面边缘与导轮接触良好。

（3）速度的调节。通过转动速度调节轮，可以在每分钟800～3200次的往复次数之间调节工具的速度。

图4—17 手提式电动曲线锯

（4）为了防止锯屑飞散，电动曲线锯设有锯屑罩。安装拆卸锯条时，可以移动锯屑罩位置。

（5）在锯削工件时，底座必须贴紧于工件表面，而锯条必须保持直角。如果底座与工件分离，会造成锯条断裂。沿着事先画好的切割线向前轻轻推进工具，不得使劲用力推压，不要过于用力歪曲地推锯切割。锯削薄板时，如遇到反跳现象，要夹牢薄板。

（6）直线锯削。使用靠模，也就是通常说的靠山板，就可以保证精确直线锯削。若想减少木材切断面起毛，可使用刀口板。

（7）内部曲线切割。对于一个没有边缘切口的内部切割，先钻一个直径大于12mm的孔，然后把锯条插入内孔开始切割。

（8）在对金属、塑料等进行切割时，要使用适当的冷却剂，也可以在工件下面涂油来代替冷却剂。

6. **台式电动曲线锯**

台式电动曲线锯是一种在板材上可按曲线进行锯切的电动往复锯，如图4－18所示。台式电动曲线锯与手提式电动曲线锯的工作原理、使用方法、锯削工艺相似。不同之处在于，其锯条本身比较细，因此可以锯削各种弧度的曲线。但其加工工件的厚度比较小，一般只能加工10mm以内的木板、塑料板等，且锯条极易折断，故加工时将压板调整到较低的位置，使其有较大的力量压住工件，同时还要能推动工件，推进时务必扶稳工件缓慢进行，锯削塑料时，必须不断添加冷却剂，防止塑料发热回粘。此外，由于其本身是固定的，加工工件的尺寸受到工作台面的限制，故没有手提式电动曲线锯灵活。

7. **圆盘锯**

圆盘锯是一种在板材上可按直线进行锯切的电动锯，如图4－19所示。

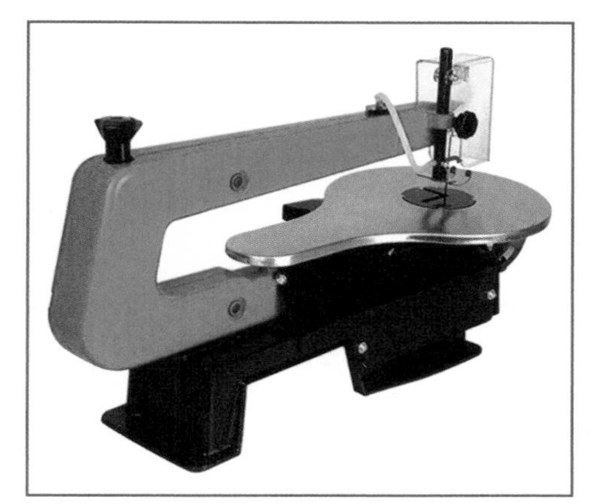

图4—18　台式电动曲线锯

图4—19　圆盘锯

圆盘锯的使用方法及注意事项：

（1）锯片上方必须安装保险挡板（罩），在锯片后面，离锯齿10～15mm处，必须安装弧形楔刀，锯片安装在轴上应保持对正轴心。

（2）锯片必须平整，锯齿尖锐，不得连续缺齿两个，裂纹长度不得超过20mm，裂缝末端须冲止裂孔。

（3）被锯木料厚度，以锯片能露出木料10～20mm为限，锯齿必须在同一圆周上，夹持锯片的法兰盘的直径应为锯片直径的1／4。

（4）启动后，须待转速正常后方可进行锯料。锯料时必须固定木料，不得左右晃动，接近端头时，应减缓锯削速度。

(5) 如锯线走偏，应逐渐纠正，不得猛扳，以免损坏锯片。

(6) 锯片温度过高时，应用水冷却，直径600mm以上的锯片在操作中应喷水冷却。

8. 电热丝切割机

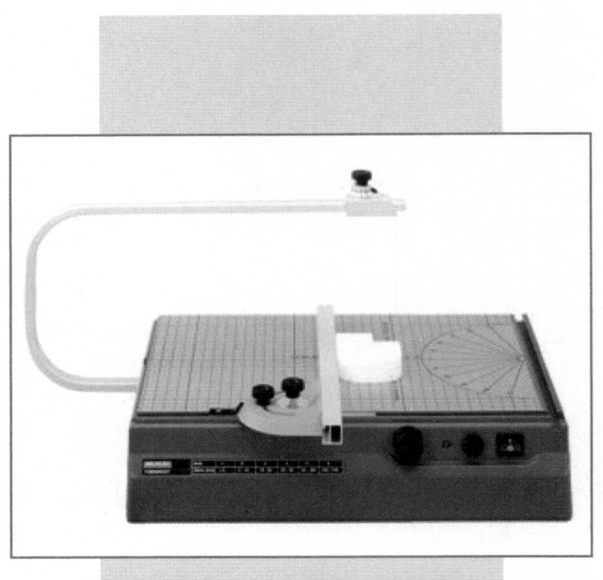

图4—20　电热丝切割机

电热丝切割机利用电流流经电热丝产生的热量，局部地融化泡沫塑料，如图4－20所示。用于厚度为12mm左右的聚苯乙烯和聚甲基丙烯酸酯泡沫材料的加工，特别适用于膨胀聚苯乙烯、挤压聚苯乙烯的泡沫材料。电热丝的温度可以根据需要切割的泡沫塑料类型和密度进行精确调节。如果电热丝温度过高过热，切割线路会太宽，不均匀。如果温度太低，在切割时使用的推力会使切割线变形，甚至断掉。所以在使用前应先用一块废料试切割一下。

用电热丝切割机只能切割粗略的形状，不能用于模型的表面整饰。

4.3　打磨类工具

打磨工具是用来打磨工件表面，使其变得光滑，分为手动打磨和电动打磨两种方式。需要特别注意的是，在使用电动打磨工具时，由于砂轮转速很快，一定要做好安全防护措施。如衣服袖口要收紧，长头发要扎起来，以防卷入砂轮中造成危险。打磨时不要对着人，并戴好安全帽和防护眼罩。磨削时间较长的刀具，应及时进行冷却，防止烫手。

4.3.1　砂　纸

图4—21　砂纸

砂纸是可用来研磨金属、木材、塑料、玻璃钢、PU泡沫等模型表面，如图4－21所示，但不能用以研磨石膏、黏土、油泥等模型表面。可分为干砂纸、水砂纸、砂布等。砂纸根据砂粒的粗细分为不同的型号，模型制作中常用的为100目、120目到80目、1000目不等，数字越大，砂纸越细。模型表面打磨时，通常先用粗的干砂纸将模型表面所有局部凹凸不平的地方打磨平滑，此时的切削量较大，所以一定要用粗砂纸加工，省时省力，然后用细的干砂纸将粗砂纸留下的划痕打磨掉，再用细的水砂纸将细的干砂纸留下的划痕打磨掉，直到模型表面非常光洁即可。

4.3.2　锉　刀

锉刀是用于锉光工件的手工工具，如图4－22所示，用于对金属、木料、塑料、发泡、皮革等表层做微量加工。在使用时要根据加工材料的不同选择不同的类型。如锉削非铁金属等软材料工件时，应选用单纹锉刀，否则只能选用粗锉刀。因为用细锉刀去锉软材料，易被切屑堵塞。对于堵塞后的锉刀应当用铜丝刷及时清理。锉削钢、铁等硬材料工件时，应选用双齿纹锉刀。还要根据工件表面形状选择锉刀断面形状，如锉平面用平板形锉，锉燕尾槽和三角孔用三角形锉，锉凹弧面和锉小圆弧用圆形锉或半圆形锉等。

4.3.3　砂轮机

砂轮机是用来刃磨各种刀具、工具的常用设备，也常用作磨削ABS塑料板。其主要是由基座、砂轮、电动机或其他动力源、托架、防护罩等所组成，如图4－23所示。砂轮较脆、转速很高，使用时应严格遵守安全操作规程。

图4—22　锉刀

图4—23　砂轮机

4.3.4　角磨机

角磨机是根据砂轮机的工作原理而设计的便携式打磨、切削工具。其主要是由电动机、砂轮、托架、防护罩、机壳及电源等组成，如图4－24所示。

4.3.5　平板砂磨机

平板砂磨机主要是用来平面打磨，主要由电动机、减速箱、偏心轴—连杆机构、砂纸托架、开关等组成，如图4－25所示。平板砂磨机是相对安全的工具，使用时注意不要用来打磨非平面工件，否则会由于局部磨损而使得托架不再平整。

图4—24　角磨机

图4—25　平板砂磨机

图4—26　抛光机

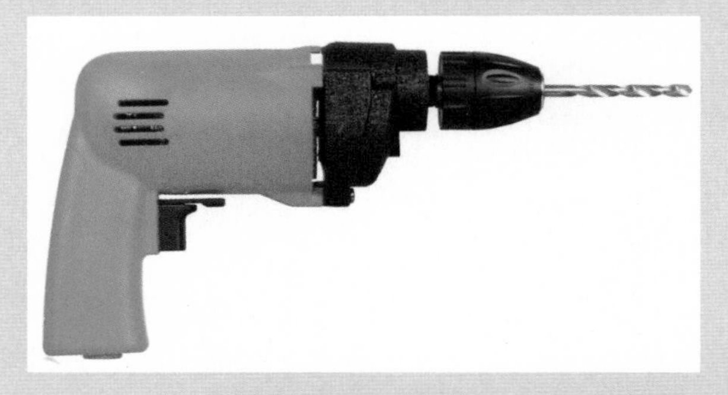

图4—27　手电钻

4.3.6　抛光机

抛光机是一种抛光、打磨的电动工具，抛光机由底座、抛盘、抛光织物、抛光罩及盖等基本元件组成，如图4－26所示。抛光机可以快速修补深度划痕和轻微刮花，快速打磨和抛光污迹和油漆等，它适用于金属、木材、塑料、玻璃钢等模型的表面抛光及打磨处理。

4.4　钻孔类工具

4.4.1　手电钻

手电钻就是以交流电源或直流电池为动力的钻孔工具，如图4－27所示，主要由电动机、齿轮减速器、输出轴、钻夹头、机壳、电源开关等构成。钻头是作为手电钻的刀具用来在实体材料上钻削出通孔或盲孔，并能对已有的孔进行扩孔的刀具。常用的钻头主要有麻花钻、扁钻、中心钻、深孔钻和套料钻。钻孔前，先把孔中心的样冲眼冲大一些，这样可使横刃预先落入样冲眼的锥坑中，钻孔时钻头就不易偏离中心。钻孔时使钻尖对准钻孔中心（要在相互垂直的两个铅垂面方向上观察）。

手电钻使用安全规则：

（1）电钻使用时，应戴橡胶手套，穿胶鞋或站在绝缘板上，以防万一漏电而造成事故。

（2）电源电压不得超过电钻铭牌上所规定电压的±10%，否则会损坏电钻或影响使用效果。

（3）发生故障，应找专业电工检修，不得自行拆卸、装配。

（4）使用电钻时，必须握电钻手柄，不能拉着软线拖动电钻，以防因软线擦破、轧坏等现象而造成事故。

（5）电钻未完全停止转动时，不能卸、换钻头。

（6）停电、休息或离开工作地时，应立即切断电源。

（7）胶皮手套等绝缘用品，不许随便乱放。工作完毕时，应将电钻及绝缘用品一并存放于干燥、清洁和没有腐蚀性气体的环境中。

4.4.2 台　钻

台钻使用在模型工件需要钻孔的时候，与手电钻相比，钻的孔洞较垂直、工整。台钻的种类很多，常用的有台式钻床、立式钻床和摇臂钻床三种，如图4－28所示。

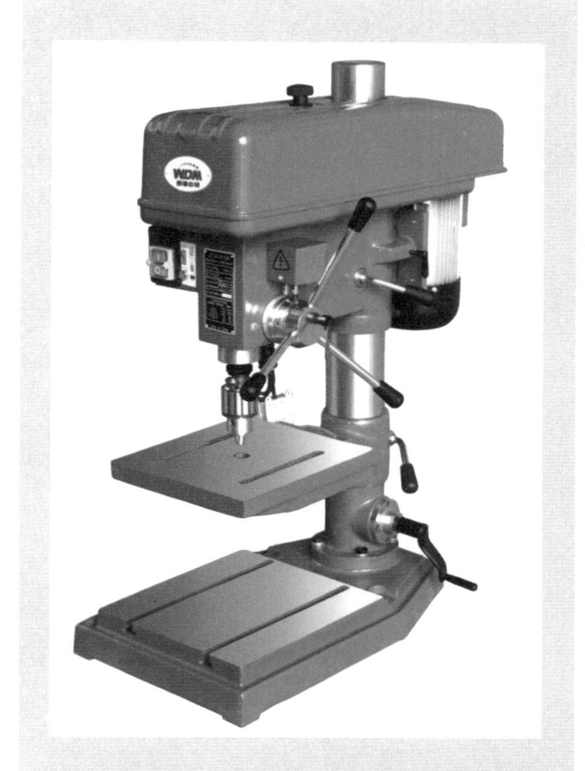

图4—28　台钻

台钻使用安全规则：

（1）严禁未经专业操作培训人员使用。

（2）使用钻床时，绝对不可以戴手套，变速时必须先停正再变速。

（3）钻头装夹必须牢固可靠，闲杂人员不可在旁观看。

（4）钻通孔时，使钻头通过工作台让刀，或在工件下垫木块，避免损伤工作台面。

（5）要紧牢工件，尤其是薄金属件，避免甩出伤人。

（6）钻削用力不可过大，钻削量必须控制在允许的技术范围内。

（7）使用结束必须关闭电源。

4.5　加热类工具

常见的加热工具有烘箱、热风枪、塑料焊枪等。

4.5.1 烘　箱

烘箱由箱体、箱门、热交换器、控温装置、计时器组成，如图4－29所示，其箱体多用薄钢板制成，一般为双层，其间为空气夹层或充填绝热材料。箱门上装有耐高温玻璃，便于观察箱内形变情况。烘箱是油泥模型与ABS等塑料模型制作中的常用加热设备，也可以用于石膏模型烘干。使用烘箱时，应该佩戴石棉隔热手套，防止烫伤。

图4—29　烘箱

4.5.2 热风枪

热风枪由机身、出风管与手柄组成，如图 4－30 所示，适用于油泥模型与塑料工件局部加热。机身内装有单向同步电动机和风轮，出风管内装有电热丝，手柄内装有手揿式多挡电源开关，适用于小面积热塑性塑料的热塑加工。使用热风枪时，根据所需要加热的面积的大小，选择出风口与模型表面的距离的远近，加热时，将其来回扫动，防止局部过热烧焦材料。

热风枪使用时的注意事项：

（1）作业时，先将加热器功率调到最低挡位，通电后根据加热需要，再逐步提高，达到所需的理想温度。

（2）停机前应先将旋钮调到冷风挡，吹风数分钟，出风管冷却后方可关机，以免余热烫坏机件。

（3）操作时手勿触及出风口，以免烫伤。用完要轻放，以免振坏枪内零部件，影响使用寿命。

4.5.3 塑料焊枪

塑料焊枪由喷嘴、枪壳、枪芯、风机、手柄等组成。枪芯的电热丝把冷空气加热成高温热气流从喷嘴喷出，使被焊接的板材与焊条加热熔融而黏合在一起，如图 4－31 所示。塑料焊枪使用中需要注意的事项与热风枪使用情况相同。

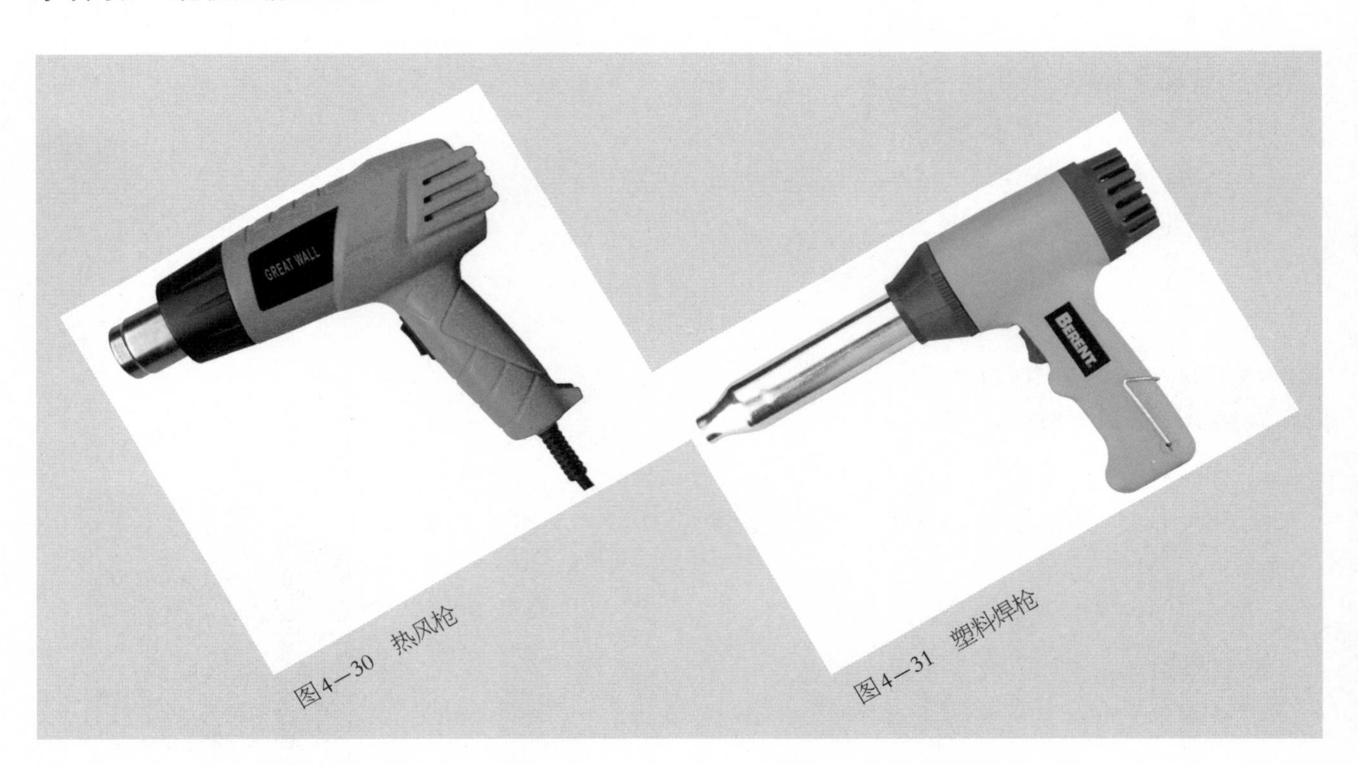

图4—30 热风枪
图4—31 塑料焊枪

本章练习与思考

1. 模型制作工具分类有哪些？

2. 常用电动工具有哪些及使用时的注意事项？

第5章　现代快速成型设备

快速成型技术是依赖于计算机模型制作技术的成熟而发展起来的，是一种电脑控制的加工流程。快速成型技术主要分为平面切割和实体制作两种类型。平面切割的主要设备为激光雕刻机，可根据导入的二维图形对塑料、纸片、木料等片状材料进行切割，制作产品模型的轮廓或结构部件。实体模型制作的主要设备有数控机床（CNC）和3D打印机，根据产品的三维计算机模型进行产品实体模型制作。

5.1　激光雕刻机

5.1.1　激光雕刻机的特点

激光雕刻机分为金属雕刻机和非金属雕刻机两类，学校产品模型制作一般配备非金属雕刻机。激光雕刻机能提高雕刻的效率，使被雕刻处的表面光滑、圆润，迅速地降低被雕刻的非金属材料的温度，减少被雕刻物的形变和内应力，可广泛地用于对各种非金属材料进行精细雕刻的领域。如木制品、纸张、皮革、布料、有机玻璃、环氧树脂、亚克力、毛料、塑料、橡胶、瓷砖、大理石、水晶、玉石、竹制品等非金属材料。目前，激光雕刻机在模型制作领域应用非常广泛，特别是塑料类面片组装性质的模型，可用于产品轮廓和零部件切割，相对于手工切割，大大提高了工作效率和加工精度。如图5－1所示。

5.1.2　激光雕刻机操作流程

由于激光切割机只能创作二维轮廓（XY平面），因此可以在Adobe Illustrator、Coreldraw等二维矢量软件中绘制切割图形，再导入激光雕刻机程序中进行切割（图5－2）。需要注意的是，在雕刻之前，要根据不同材料或同一材料不同厚度，设置合适的功率和速度，以免材料切割不透或是熔边。另外，加工过程中需要打开外部通风，以排出材料灼烧时产生的气体。

激光雕刻机使用之前需要接受专业培训，以免因为操作不当造成人员伤害或机器损伤。遇到故障须由专业人员进行排查、检修、调试。

激光雕刻机
Laser engraving machine

- 安全可靠
- 高速快捷
- 加工范围广泛
- 节省材料
- 精确细致
- 效果一致

适用材料——

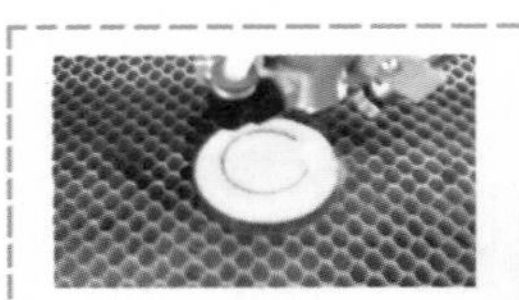

木材

亚克力板

纸质

ABS板

图5—1　激光雕刻机的特点及适用材料

激光雕刻机 ——使用流程
Laser engraving machine using process

绘图，转化为位图，设置参数

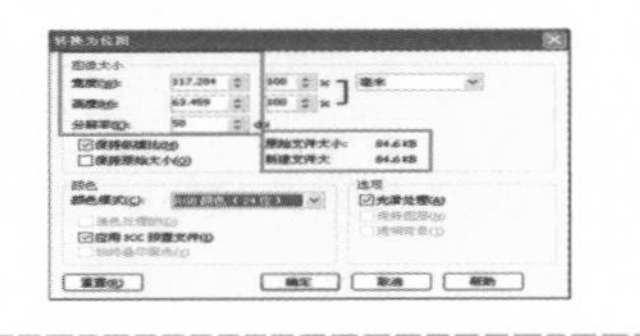

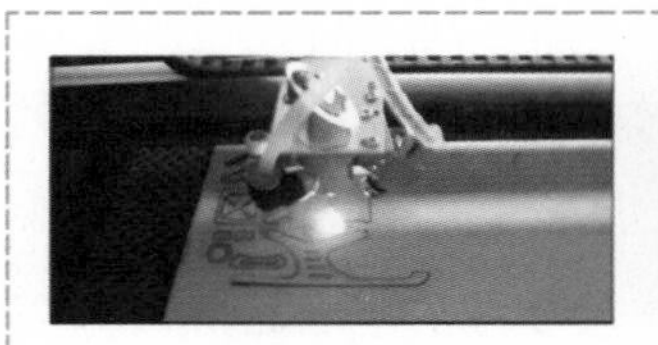

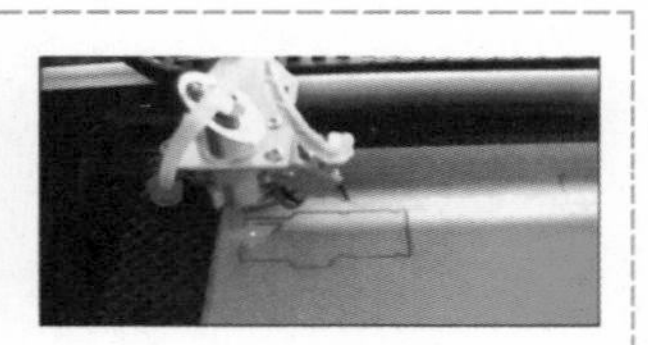

定位，开始雕刻

3

雕刻完成，关闭机器

图5—2　激光雕刻机使用流程

如图5－3所示为激光雕刻机对亚克力材料进行雕刻，再通过压模制作的果盘模型。图5－4所示为通过激光雕刻对椴木板进行雕刻，再进行组装的模型。

图5—3　雕刻机模型制作

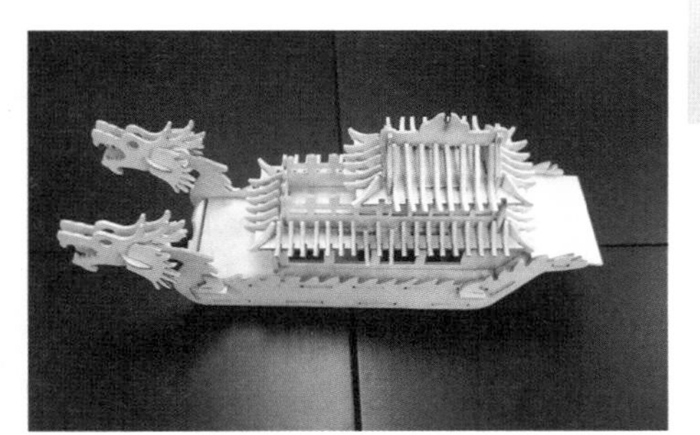

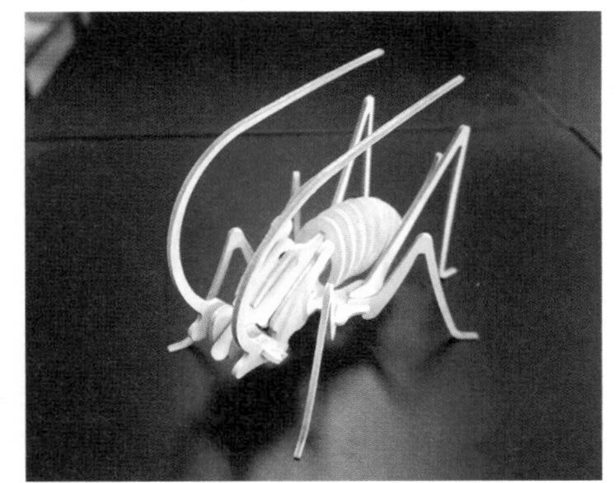

图5—4　椴木板模型

5.2 数控机床（CNC）

5.2.1 CNC加工特点

CNC加工是一种电脑控制的加工流程，是一种减成法数码成型技术，即从固块材料或片材上快速去掉材料，形成最终的形状。相比于传统和手动加工流程，CNC加工流程具有很多优势，最明显的是能够通过电脑文件制作非常复杂的表面几何图形。

CNC加工可选择的材料很广泛，包括塑料、金属、泡沫、模型板、木料。材料成本比3D打印技术所需成本低，表面品质可以很高，精准度也非常高。而且由于CNC会使用3D表面数据，因此并不特别需要3D实体模型。如图5－5所示。

图5—5　CNC加工中心

5.2.2 CNC加工的类别

1. 工业数控铣削中心

数控加工中心是高端的工业设备。这些重量级工业机器主要是研发出来切割金属。换刀系统使机床能够有选择地执行不同类型的加工操作，包括铣削、钻孔、敲击。这些机器的功能是制造很多完全相同的部件，以使部件之间的容差和规格接近。成本高、占地面积大、电源要求等方面决定了这种设备主要应用于工业环境。

2. 桌面型CNC铣削设备

目前，已经研发出较小的CNC加工设备，以满足木工或业余爱好者的需要。这些类型的设备适合的材料包括木料、塑料和聚氨酯模型板。由于操作简单、占地面积小等因素，这些设备也适合在学校进行产品模型制作使用。

3. CNC刨槽机

CNC刨槽机主要是为木工加工研发的占地面积大的机床。这些机器的X和Y坐标范围通常比Z坐标范围大很多，因此它们主要用于切割轮廓。一般而言，刀头是一个高速运转的刨槽机搭配立铣刀。这些机器往往被称作龙门式机床，机床架在所有3轴上的片料之上移动。

CNC加工由于专业性较强，操作需要专业培训和指导。

5.3　3D打印机

5.3.1　3D打印机的特点

三维打印（3D printing）是快速成型技术的一种，属于电脑控制的加成流程。是一种以数字模型文件为基础，运用粉末状金属或塑料等可黏合材料，通过逐层打印的方式来构造物体的技术。过去其常在模具制造、工业设计等领域被用于制造模型，现正逐渐用于一些产品的直接制造，使用这种技术直接打印成品或零部件。而且随着打印材料成本的降低和技术的成熟，3D打印已经越来越普及。特别是伴随着桌面3D打印机的普及，为产品模型制作和个性化产品定制提供了极大的便利性。

从20世纪80年代后期开始至今，3D打印已经转变了人们思考原型制作的观念，改变了必须在车间完成的制作流程，而可以简单到只发送一个文件到打印机上即可实现。这种新技术极大地提高了产品研发的速度。

3D打印可以制作复杂的几何形状，可供制作模具之前进行部件验证；相较于传统的车间制作，更洁净、更安全；更容易制作中空的部件，可供电子元件或机械组件放入其中。3D打印带来了世界性制造业革命，以前是部件设计完全依赖于生产工艺能否实现，而3D打印机的出现，将会颠覆这一生产思路，这使得企业在生产部件的时候可以不再考虑生产工艺问题，任何复杂形状的设计均可以通过3D打印机来实现。图5－6所示为极致盛放品牌3D打印作品。

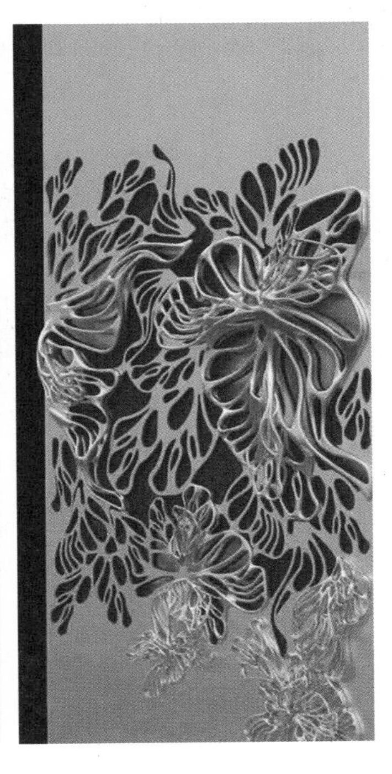

图5－6　极致盛放品牌3D打印作品

5.3.2 3D打印机操作流程

3D打印快速成型技术的发展直接依赖于3D电脑实体模型制作的发展，能够在电脑上制作实体模型。像SolidWorks、Pro／E等软件属于参数化实体模型制作软件，本质上是基于实体部分的，可以用来快速成型；而有些软件如Rhinoceros主要是基于表面的，这就要求操作者懂得如何将所有不同的表面组合起来形成一个可打印的封闭性实体模型。

打印之前，3D文件首先必须转换成一个快速成型系统可以识别的格式，称之为标准模板库（STL）文件格式。STL文件利用的是在快速成型系统中容易输入和操控的三角形曲面网格，设定曲面的品质，以符合产生的表面。然后快速成型软件制作出一系列从模型上垂直取下的截面或切片，这些截面将用于制作3D模型。每个切片必须描绘成封闭的区域，接下来连续逐层打印并覆盖于前一层上，直至制作出整个模型。

3D打印机主要分为工业大型3D打印机和桌面型打印机，其操作流程如图5－7、图5－8所示。

图5—7（a） 大型打印机操作流程

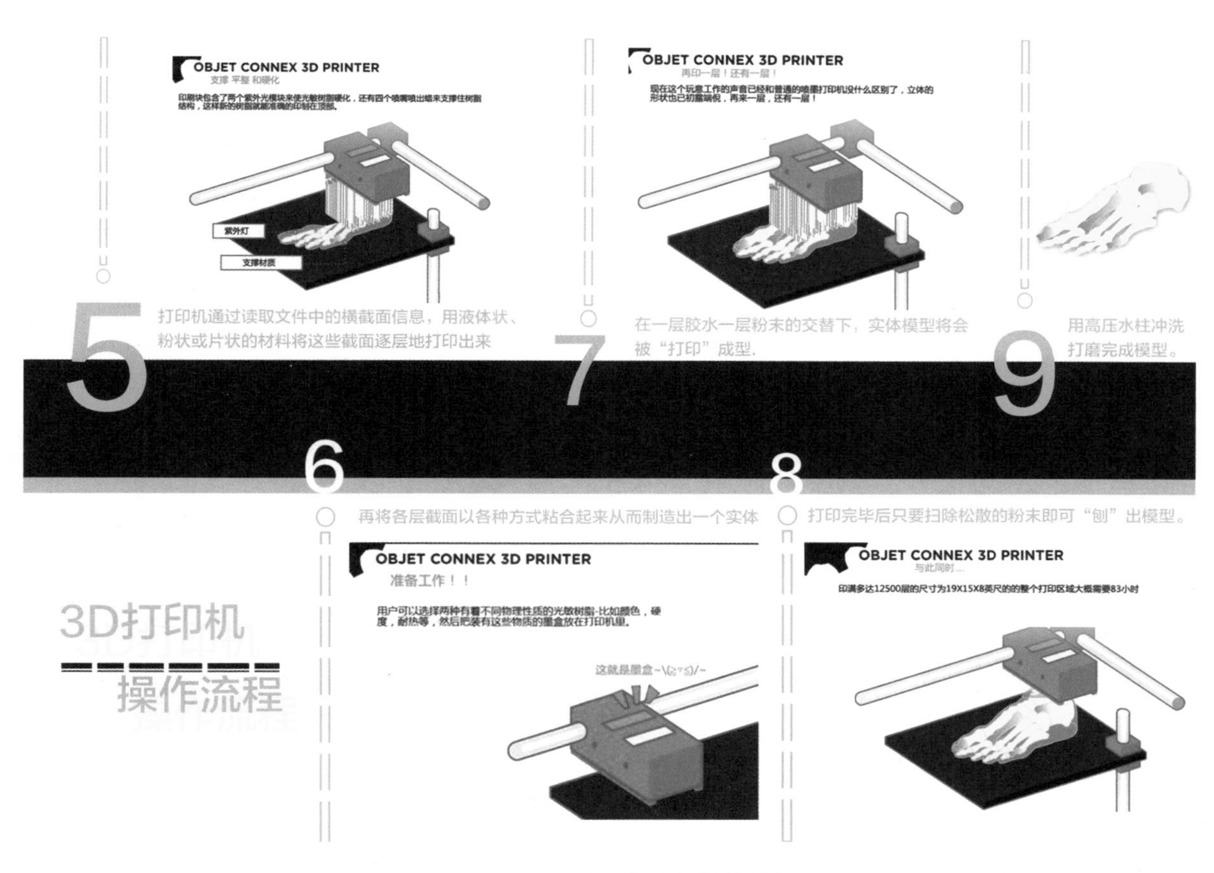

图5—7（b）　大型打印机操作流程

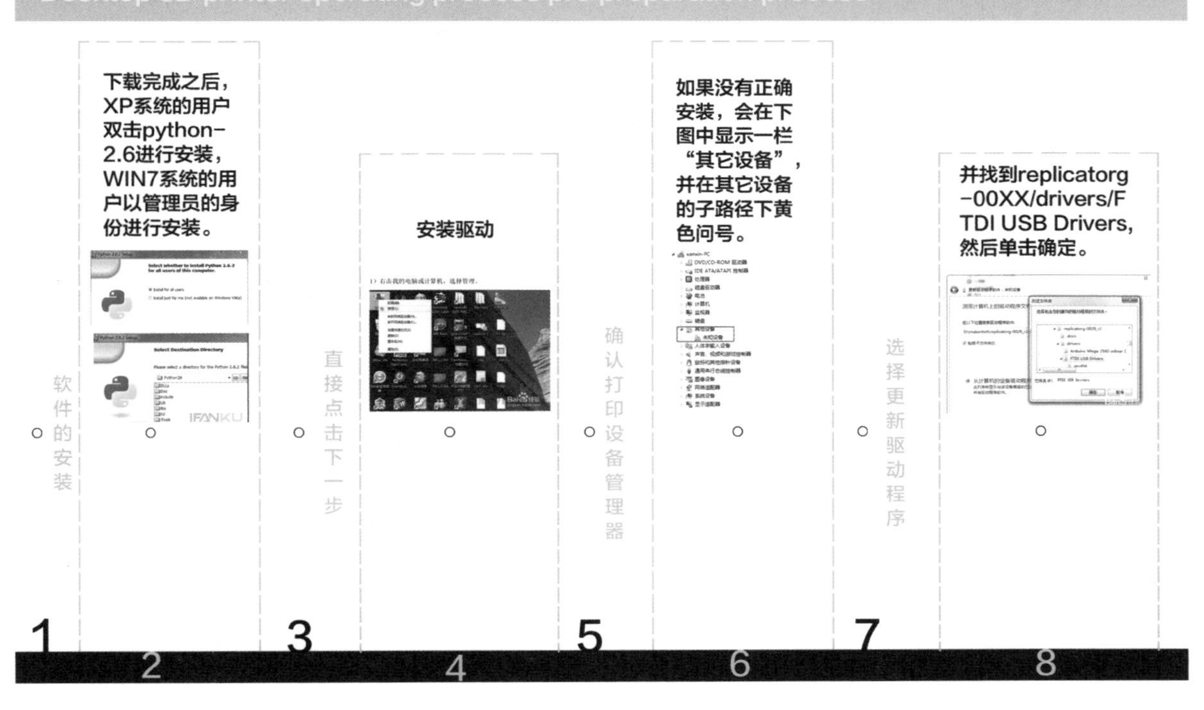

图5—8（a）　桌面型打印机操作流程

桌面级3D打印机操作流程展示
Desktop 3D printer

- 材料利用率高
- 生产成本低
- 布局复杂结构
- 个性化生产
- 加工时间短

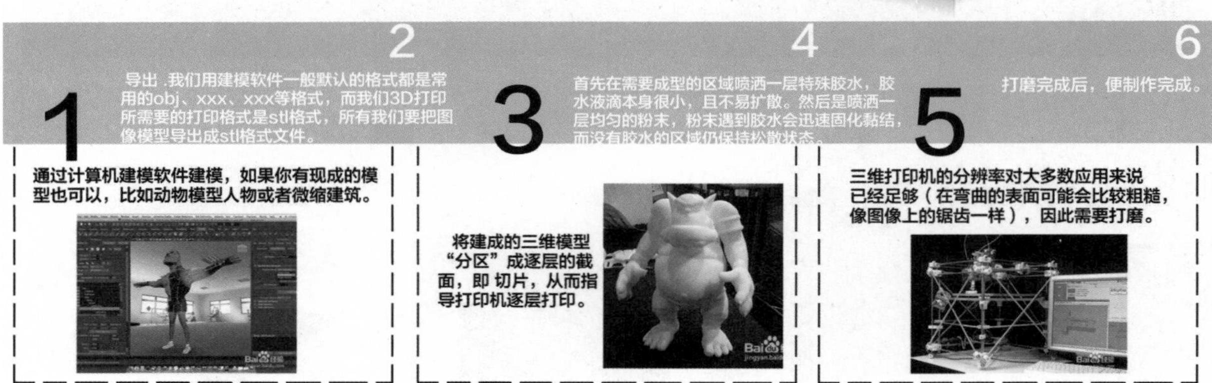

图5—8（b） 桌面型打印机操作流程

本章练习与思考

1. 现代快速成型技术有哪些及各自特点？
2. 快速成型技术的发展对于产品模型制作及产品设计开发的意义？

第6章　制作原理、方法及流程

6.1　原型塑造原理

模型塑造的原型，通常是能够全面反映产品功能和形态的形体。通过原型塑造表现产品的造型风格、功能设置、布局安排以及产品与人和环境的关系等，通过实体的形式表现产品的整体概念。为方便观察，借用计算机辅助的形式表现产品原型塑造的技术原理，如图6－1～图6－10所示。

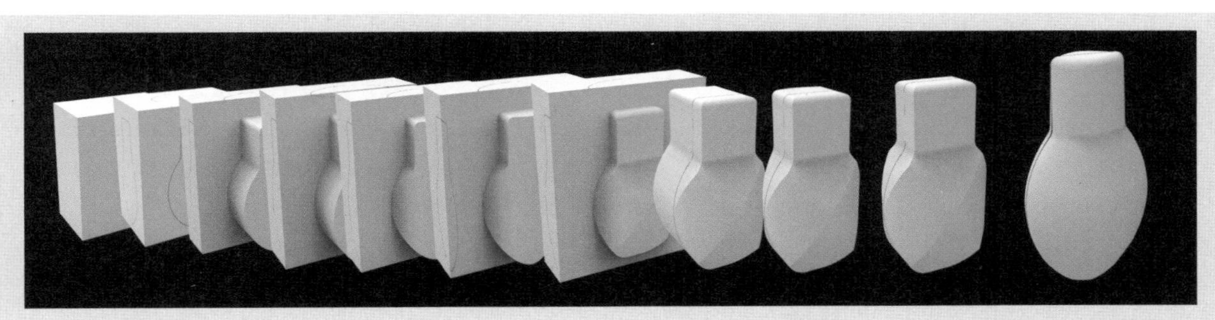

图6—1　原型塑造原理过程

图6—2　在规整好的胚料面上，画好想要制作模型的三个视图，注意三个视图之间的对应关系

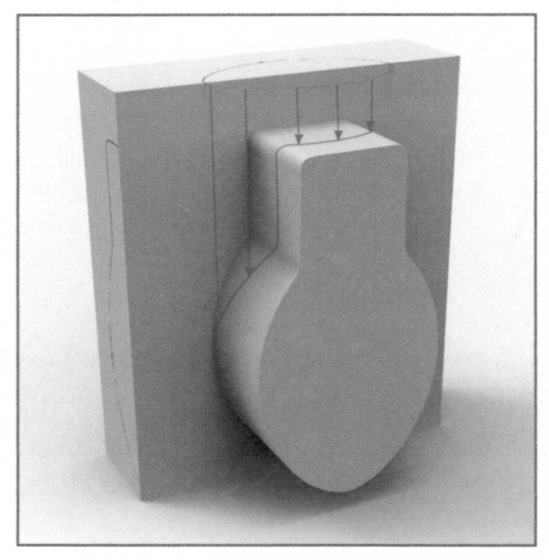

图6-3　从一个视图入手，沿视图边界垂直切割至其他视图中线，以保证形态的准确

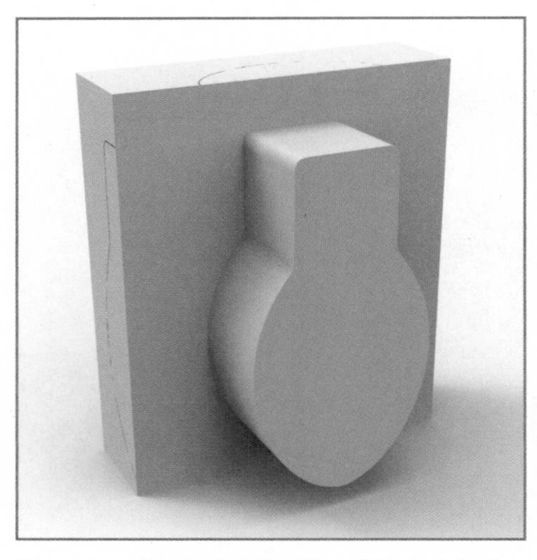

图6-4　　把顶视图剩余的一半沿中线镜像，并投影到切割好的形体上，以备切割之用

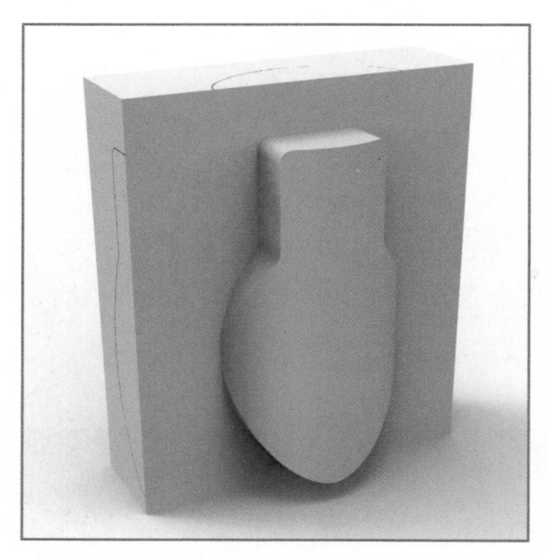

图6-5　沿投影线作垂直切割，以保证形态准确

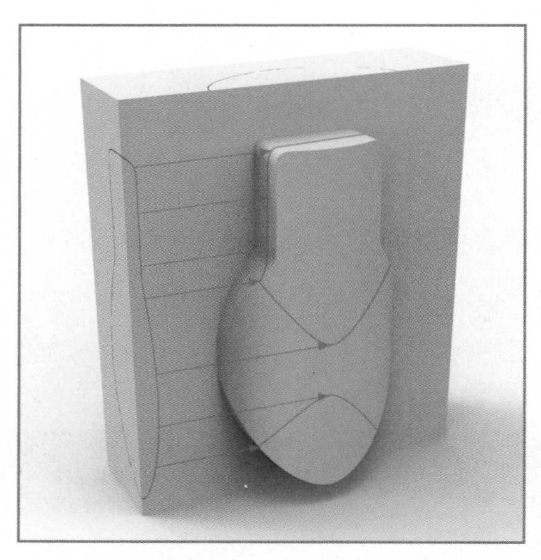

图6-6　把视图剩余的一半沿中线镜像，并投影到切割好的形体上，以备切割之用

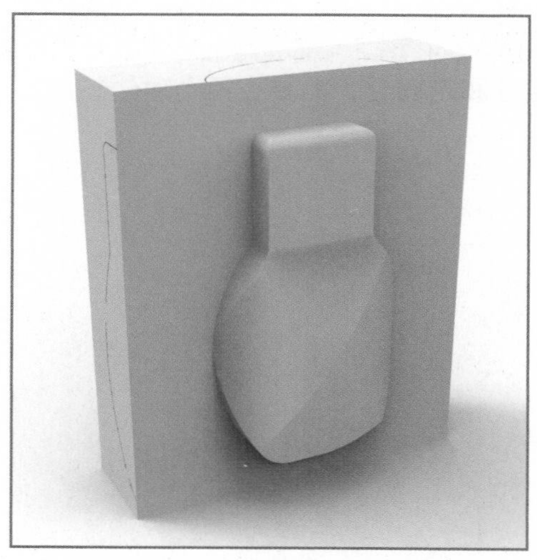

图6-7　沿投影线作垂直切割，以保证形态准确

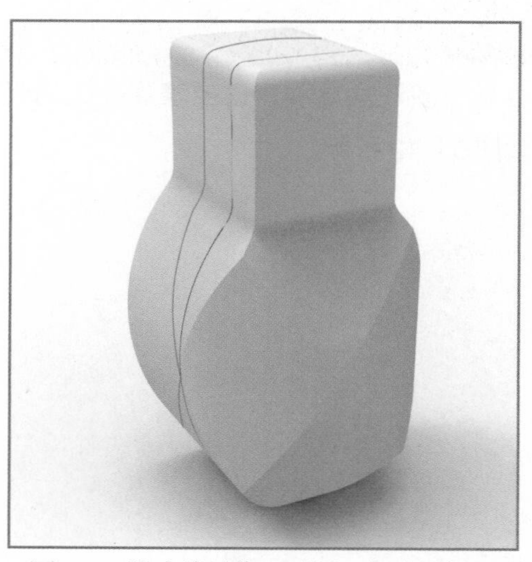

图6-8　沿中线镜像，对另一部分沿投影线作垂直切割，切掉多余厚度

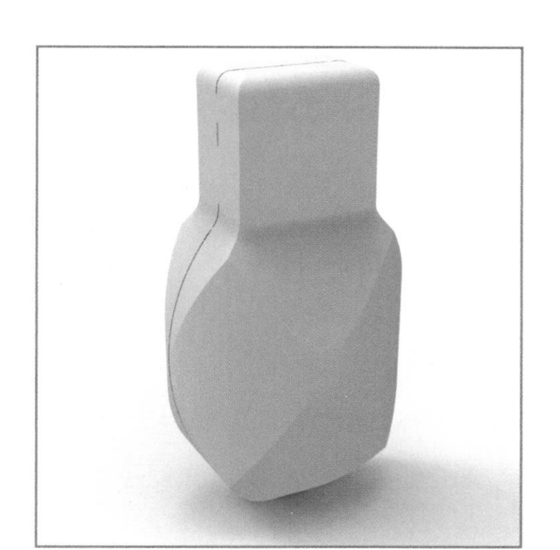
图6-9　沿投影线继续进行切割，以保证形态准确，得到对称形体

图6-10　导边、塑造圆角，把握精确度，得到最终形体

6.2　模型制作方法分析

和虚拟网络产品不同，我们这里所讨论的模型制作所涉及的产品指的是具有空间感的三维实体，而不同的产品所表现出的形态特征又不尽相同。根据不同的形态特征，所采用的模型制作方法也会有所差别。而且我们所说的实体产品并不是实心的，其外形特征是由不同形状的壳体围合而成，把产品划分为内外两个空间，无论什么样的壳体都是由面构成的。因此研究面的构成方式就是我们进行模型制作分析的关键所在。制作模型之前首先要根据产品表面构成形态进行制作方法分析，根据不同形态特征选择不同的制作方法。根据产品表面形态特征，主要分为直方体产品、单曲面产品、自由曲面产品。

6.2.1　直方体产品

直方体产品指的是类似于方盒子形状，产品表面由平面围合而成。我们生活中这样的产品很多，如图6－11所示。要制作这类产品，只要根据尺寸切割出产品结构部件，边对边粘接即可。当然边对边粘接需要也有很多注意事项，主要表现在为增强稳定性和牢固性，需要在两个对边粘接的表面内部制作加强筋，如图6－12所示。

图6—11　直方体产品

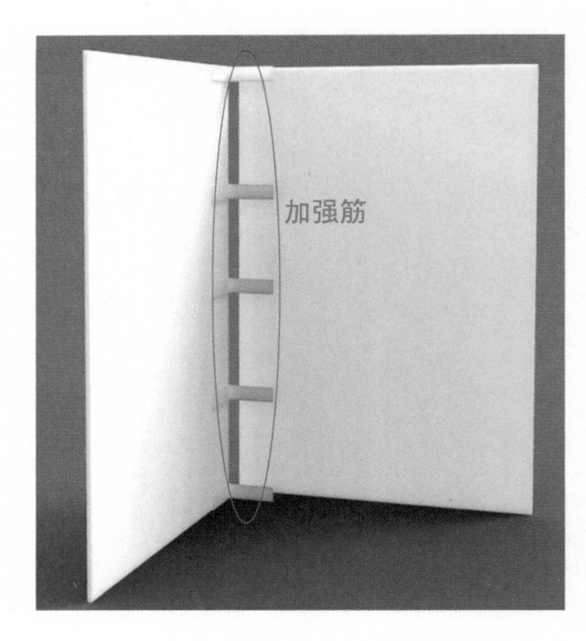

图6—12 运用加强筋辅助粘接两个面

制作直方体模型首先是开料，要根据模型尺寸绘制每个部件的平面图，根据平面图在材料上进行切割。

一是借助现代化加工工具，运用激光雕刻机进行切割。运用激光雕刻机切割需要把绘制的二维平面图导入雕刻机程序中，常用的AI文件和CAD文件都可直接导入，然后根据材料属性和厚度，设置合适的功率和速度进行切割即可。

二是传统手工切割，先要按照平面图在材料板上画出形体轮廓，再用画线工具完成准确的画线工作。画线时，刀刃必须垂直于加工材料面，另一只手按紧钢尺，沿边线进行刻画，根据材料厚度使用合适的力度。画线时不必直接刻透板材，以免损伤工作台面和刀具。画好线后，将画线部位对准操作台的边缘，一只手按紧板，另一只手沿着操作台边缘用力往下按压，这时板材会沿画线部位准确断开。对于平面曲线的刻画开料，直接用刀具不易刻画，需要借助于线锯沿曲线走势锯开，或借助于曲线模板应用勾刀刻画，以取得准确的形体。

注意：直线平面板材画线必须准确，开料必须到位，不留加工余量。

图6－13所示为切割线形平面，切割完成后，把各个面的位置归纳清楚，并把零件边缘修理平整，如图6－14所示。

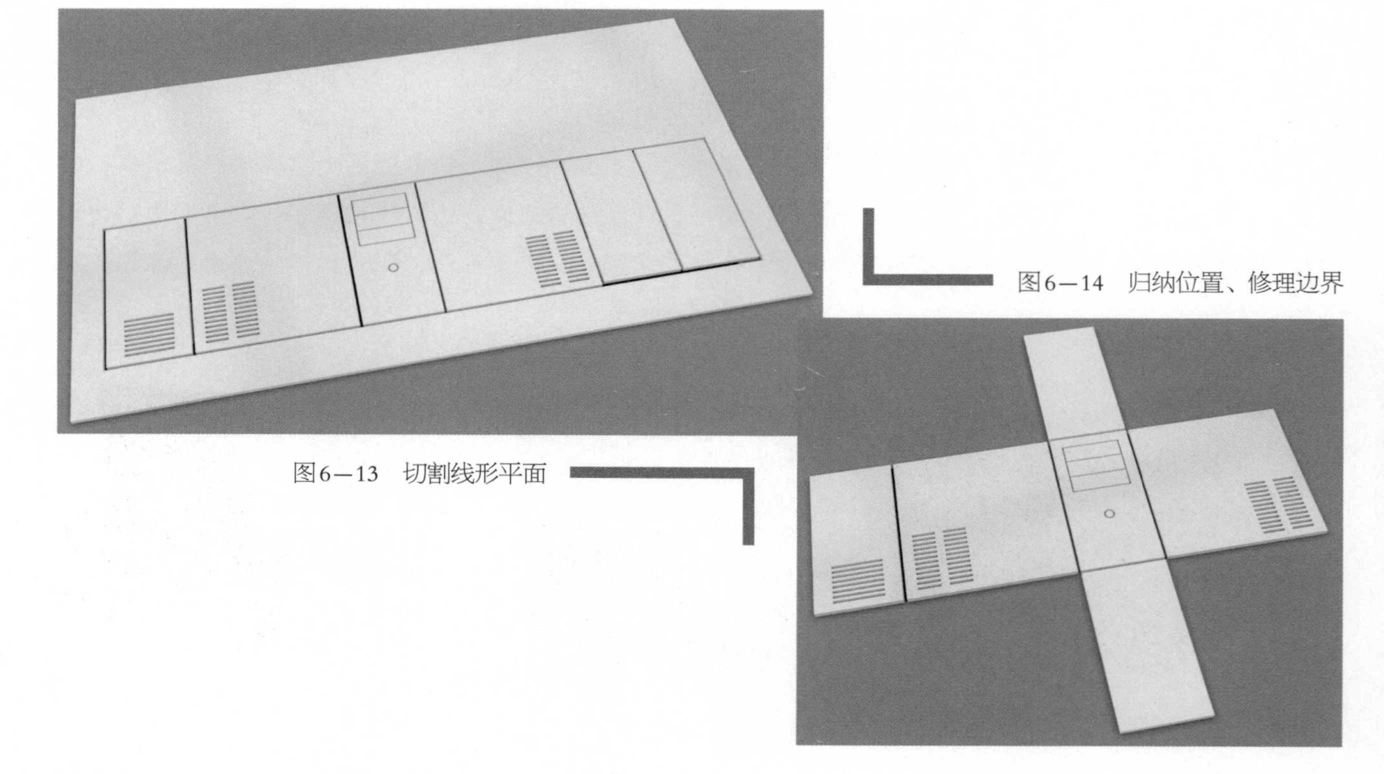

图6—14 归纳位置、修理边界

图6—13 切割线形平面

按照产品形态，把各个结构部件进行垂直拼接，如图6－15所示。

图6—15　垂直拼接

运用粘接材料对各部件垂直粘接完毕，对边角进一步修整、打磨，使其光滑平整。按照预想效果喷漆、涂饰，完成整个产品模型制作，如图6－16所示。

图6—16　产品模型制作完成

6.2.2　单曲面产品

单曲面是指由平面沿单向进行弯曲变形，使原来的二维平面演变为三维空间。单曲面由于弯曲方向的一致性，可由韧性较好的平面板材直接弯曲粘接而成，如较薄的ABS板。单曲面产品相对于直方体平面产品，具有流线美感和运动张力等特点，如图6－17所示。

图6—17　单曲面产品

制作单曲面产品模型，首先要制作单曲面需要的龙骨，然后把平面板材沿着龙骨按压弯曲，并同时进行粘接，完成单曲面制作，如图6－18～图6－20所示。最后再和其他部位进行边对边粘接，完成模型制作。

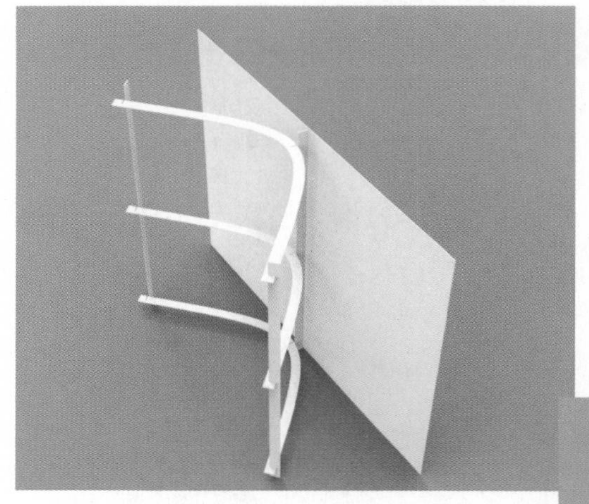

图6—18　制作龙骨、切割平面材料

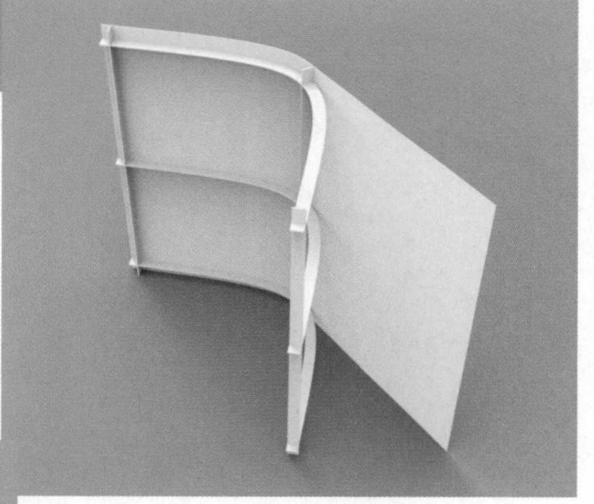

图6—19　把平面板材沿龙骨进行按压和粘接

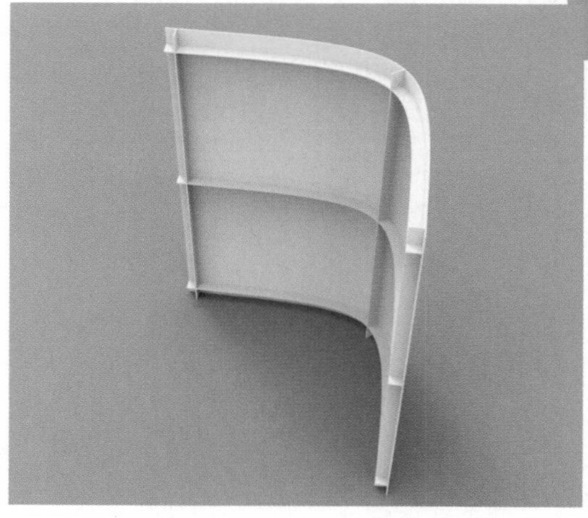

图6—20　完成单曲面制作

6.2.3　自由曲面产品

我们生活中的产品除了直方体、单曲面产品以外，还有很多是由多个曲面综合构成产品形态，以更好地表达产品语意和造型特征，统称为自由曲面产品，如图6－21所示。

图6—21　自由曲面产品

自由曲面产品由于曲率的各向异性，无法通过平面板材直接弯曲生成，其模型制作主要通过四种方法完成。

（1）直接在原材料上塑造。如苯板、密度板、石膏、发泡塑料等材料的模型制作。（参见本章6.1原型塑造原理）

（2）热成型。热压成型主要针对热塑性塑料，如ABS塑料板、亚克力板等通过加热会达到一种柔软的、可塑性状态的特点，通过加热材料塑造不同形状。热成型技术最简单的形式是用热风枪或热弯曲钳，加热热塑性材料，然后固定成某一形状，或者利用夹板固定成某个形状直至冷却和固化。如图6－22左图所示，铲子通过切割制作成平板形式后，利用带状加热器产生形变塑形。图6–22右图所示塑料弯管是通过先在塑料管里填充沙子，再用盖子盖住两端，通过热风枪加热缠绕而成，填充沙子的目的是防止管材受热不均产生局部较大形变和破裂。

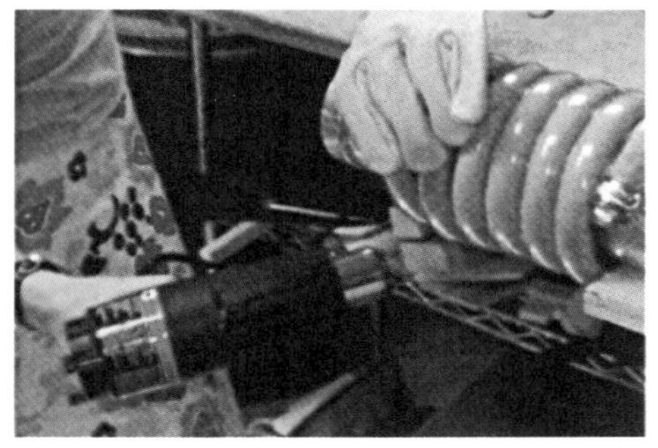

图6—22　加热成型

热成型另一种方式还可用烘箱对材料进行整体加热，待其软化后取出置于事先制作好的压模型材上进行按压，配合使用压模板，得到所需形状。（具体可参见本书第10章ABS自由曲面模型制作）

（3）真空成型

真空成型常称为吸塑，是一种塑料加工工艺，主要原理是将平展的塑料硬片材加热变软后，采用真空吸附于模具表面，冷却后成型，可以制作更为复杂的形状。在工业上广为应用，如制作洗衣机和电冰箱壳体，电机外壳，艺术品和生活用品等。真空成型技术的优点在于它采用低压流程，只需要简单的模具和设备。所采用的基本材料和工具有：夹在钢板上的一片塑料、一个模具（以成型塑料）、一个烤炉、一个把加热塑料片推向模具的真空源。其操作步骤如图6－23所示。

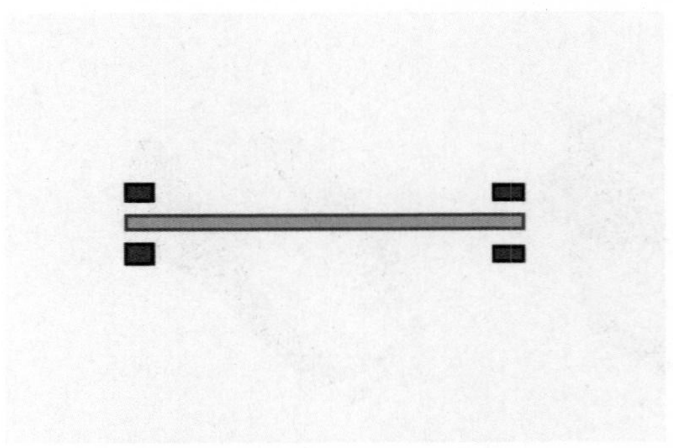

步骤1：把塑料片材夹在金属框架上

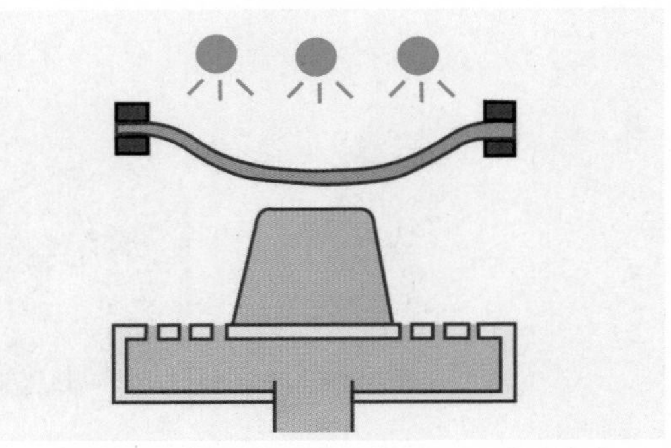

步骤2：加热塑料片材直至开始松垂，然后放到模具（图中绿色所示）上。

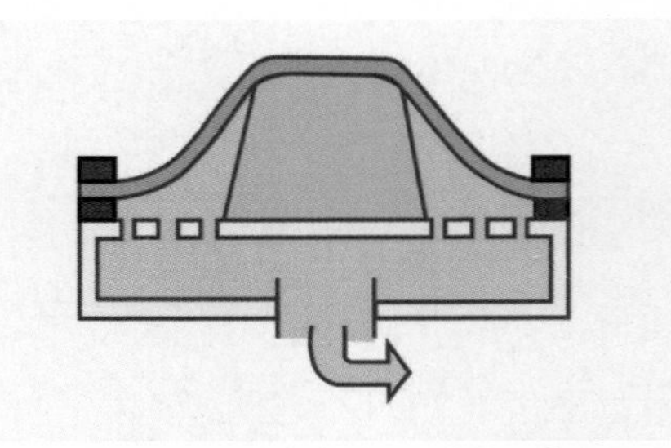

步骤3：材料横跨模具，在模具底部和支架之间形成密封区域。

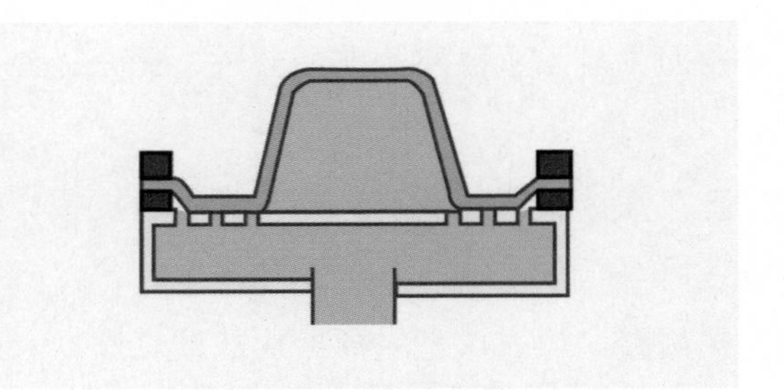

步骤4：利用真空装置把塑料紧紧吸到模具上。然后取出塑料部件，修剪掉多余部分。

图6—23　真空成型步骤

真空成型可分为阳模（凸模）、阴模（凹模）、无模几种形式。阳模材料从顶端取出，取出材料的边缘和角落都很光滑。材料越厚，这种效果越明显。阴模是通过加工出一个凹槽，在凹槽内部放入加热塑料。阴模通常制作更复杂，但其好处是能够在真空成型的部件外表面留下一些锋利的细节。如图6－24所示。

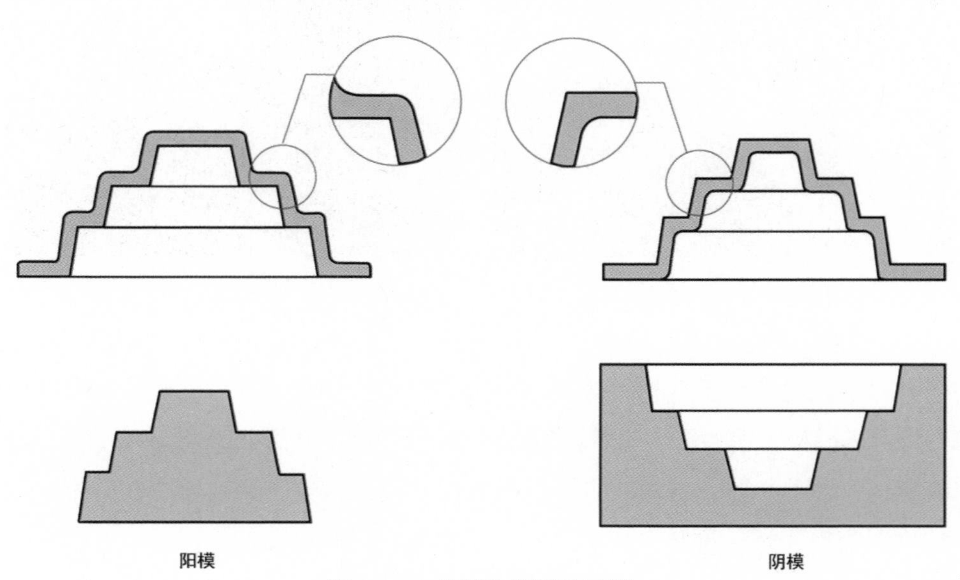

图6—24　阳模和阴模的区别

用阳模制作的部件具有圆滑的边缘，而阴模制作的部件外侧有锋利的细节。无模成型是指不用模具的真空成型，又称自由成型。此成型方法适用于吹制各种罩形体。

成型之后，为了能够取出塑料，需要遵循真空成型技术的特定规则。塑料冷却之后会收缩，阴模塑料收缩后会自动脱离表面。而阳模塑料会收缩而紧贴在模具上，因此模具通常会制作得偏大，模具应有脱模斜度，便于从模具中取出部件。脱模斜度一般设置为3°～5°。同时，模具不能有负角度或突出部分的几何形体，以免把部件锁定在模具上取不出来。

（4）通过材料堆积塑型，如黏土、油泥等。（具体制作方法参见第11章油泥模型制作）

6.3　模型制作流程

模型制作流程是一套步进式的系统流程，在模型制作过程中，培养系统的流程感能够提高制模技术，加快工作速度，使模型制作更为科学、合理、高效。正如经验丰富的草图师能够轻松地绘制一个设计想法的透视图一样，通过反复训练，模型制作也会越趋熟练、自然，从而能够更加有效地探究、测试、呈现、验证设计。同时，在这个过程中，将培养起一种方法论和对材料的感觉。

模型制作是一种更熟悉材料、结构和组装流程的途径，其制作并没有固定的公示或唯一正确的方法，主要包括规划、准备、制作组件、组装四个基本步骤，如图6－25所示。

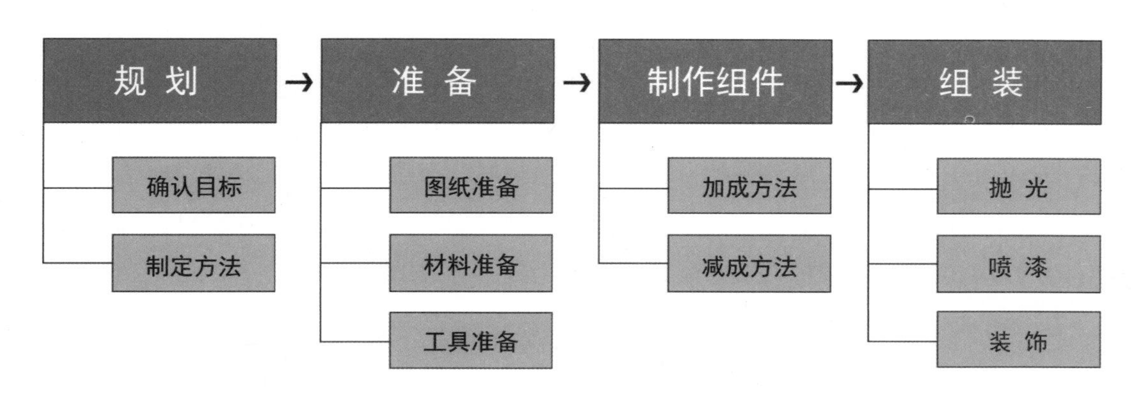

图6—25　模型制作基本流程

6.3.1　规　划

规划是对整个模型制作流程的规划，主要是根据制作目标确定模型制作方法，是非常关键的一步，关系到后续制作是否科学、高效、合理。制作模型时，首先往往是根据设计草图或电脑效果图确定模型制作的对象，根据要达到的要求确定其制作目标，是制作概念草模还是展示模型、功能模型、样机模型。确认模型制作目标后，再根据原型塑造原理制定其模型制作的材料和方法。如是用ABS直线拼装完成还是热压成型再进行组装，或是运用油泥材料、发泡材料、木质材料等其他材料进行制作。

规划过程主要包括两个任务，一是通过仔细思考原型塑造原理，检查确认合适的材料和方法。在早期的模型中，往往只需要使用一种材料，而对于更高级的综合表现原型，通常需要结合使用几种材料和方法。二是规划需要制作哪些组件，以及如何制作。对于简易的探究性模型，模型制作较为简略，往往通过一种材料进行不同组件的模拟和制作，只需要表现出整体形态和部件之间的结构关系即可。而对于高级原型来说，要求绘图和布局更加精确、详尽，以使整体形态和内部组件均符合要求。

6.3.2 准 备

确认好模型制作的目标和方法后，要进行相应的准备工作，主要包括图纸准备、材料准备、工具准备。

图纸包括2D图纸和3D文件，是精确制作模型组件的基础。如果是手工切割，2D图纸可以打印在纸张上，然后直接粘贴在模型材料上作为切割的参考依据，节省切割时间，并保证切割的准确度。如ABS板材、发泡材料的模型切割都可以使用这种方法。如果是采用现代化的激光雕刻机进行模型部件切割，则可以直接把2D文件导入雕刻机程序中，运用雕刻机进行制作部件，此种方法更加高效和精确。同时，这种布局设计也可以用于制作轮廓和横切面的模板，这些模板可以用作磨光夹具或用来检查一个表面的剖面是否准确。

3D文件主要用于计算机数控机床或是3D打印。这种情况下，文件将在标准的CAD应用程序中制作，然后导出文件到快速成型机中，由快速成型机器识别文件并进行模型制作。图形文件格式通常是典型的标准模板库（STL）格式或是规范的（IGS）文件格式。

一般而言，随着模型制作项目要求的提高和模型制作手段的发展，图纸准备越来越重要，目前通常是采用手工制作和快速成型相结合的方式进行模型制作。

6.3.3 制作组件

制作组件首先要根据模型的形态和材料特征选择加成还是减成的制作方法。减成指的是从一块整体材料上去掉某些部分，使其变成所需要的形状。如发泡材料、密度板材料的切割打磨，ABS板材的切割制作部件都属于减成方法。加成是指一点点增加材料使其成型。如油泥、黏土模型的制作，就是通过不断堆积材料塑形来完成。这就像把石头雕刻成雕像和用黏土堆造雕像的对比。有时，加成和减成是结合在一起进行的。如ABS各个单体部件是通过切割、热压等减成方法制成的，而不同的单体部件进行粘接、组装构成产品形态又属于加成方法。一般而言，加成法更快更有效，因为大多数模型的形状都是基本几何元素组合构成。学习模型制作简单说来就是学习如何创作基本的组件，然后把这些组件组装起来，形成所需要的形状。最佳方法就是通过亲自动手体验和进行模型的练习。

根据制作的原型是外观型还是功能型的不同，把模型分解成不同组件的过程具有根本性不同。如果是外观型原型，重要的是处理模型的外部形状和表面关系，然后把它们组合成最终的固定形状。如果是功能型原型，就要将原型分解成所需的功能组件，不仅要处理好外部形状，还要处理好内部结构关系。这两种情况下，制作流程都是开始于草图和快速规划，然后再进展到更详尽的草图或全尺寸模板。

6.3.4 组 装

在制作好模型各个组件之后，要把模型组装起来以形成最终形状。但是在组装之前，一定要认真思考该模型各个部件的颜色和装饰效果之间的关系，不能盲目地进行组装。如果组件需要上不同颜色的漆料或者处理成不同的效果，那么最好先不要组装，可以先对组件进行喷漆或是效果处理。如若不然，在组装好的模型上进行修改，会增加处理难度和工作量，而且如果处理不好，可能会破坏整体效果。并不是所有的模型都需要上漆，主要是根据模型目标要求来决定加工处理的最后效果。假如需要上漆，那么应该认真选择漆料及其颜色。最好是在组装之前给各个部件分别进行上漆和艺术装饰，以达到更整洁的外观效果。

如果制作模型的目的只是展览，那么更明智的做法是不要把组件永久性地组装在一起，以防某些部位后来可能需要调整。而且某些活动结构部件也可以用来展示产品的不同状态，达到展示的多样性效果，更好地展示产品的状态。

因此，组件的组装形式取决于模型制作的目的，对于功能型原型，通常的做法是需要利用螺栓或其他硬设备把组件机械牢靠地固定在一起。这种情况下，暴露的固件可以不太美观，但是不影响模型制作的目的，因为这是一个功能型原型。而对于外观型原型，只需要简单地用胶水把组件粘接起来即可，即使那并不是在最终产品中的组装方式，因为只需要表现产品外观形态即可。

本章练习与思考

1. 直方体产品模型制作方法有哪些？
2. 单曲面产品模型制作方法有哪些？
3. 自由曲面产品模型制作方法有哪些？
4. 模型制作的一般流程是什么？

第7章　纸模型制作

7.1　项目分析

日常生活中，纸质包装随处可见，如产品运输中的纸壳外包装、食品包装、化妆品包装等。如图7－1所示。主要是由于其成本低廉、加工简便。而伴随着绿色设计理念的深入，很多产品制作也开始使用纸质材料来完成。如图7－2所示为墨西哥设计师Luis Luna设计制作的C30组合家具，包括一把椅子，一个脚踏（兼具杂志架功能），一个茶几，用多层瓦楞纸切割而成，拆卸、组合都非常方便，节省空间。纸模型主要用于形体相对较为简单的、没有复杂曲面的概念构思类产品的方案表现，制作模型的纸质材料主要包括卡纸、铜版纸、瓦楞纸等。

图7—1　纸质包装

图7—2　C30组合家具

7.2　纸模型制作方法

纸模型主要是采用裁切、穿插、粘接等方式进行制作。一般是先根据设计方案在纸质材料上绘制产品各部件二维图形，根据图形进行裁切、折叠，然后采用穿插、粘接等方式把各部件组合起来。模型的曲面一般为单曲面，采用弯曲的方式完成。

案例一：卡纸烤面包机模型制作

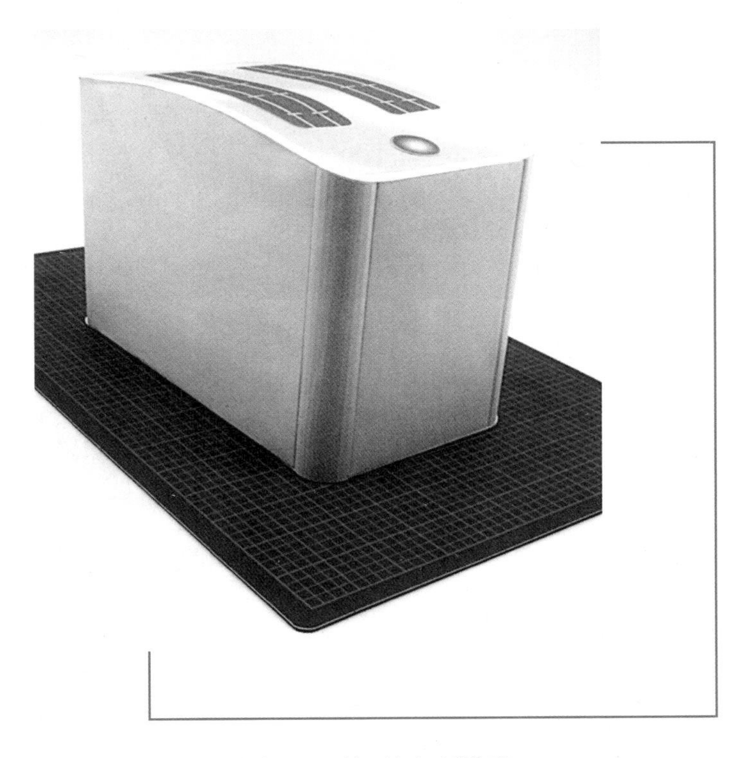

图7—3　烤面包机纸模型

1. **模型制作思路分析**

该模型主体为简单壳体结构，运用白色卡纸制作。先根据设计方案在卡纸上绘制模型各部件分解平面图，要标注出折叠线。然后采用手工刀进行裁切（也可用激光雕刻机直接在卡纸上进行雕刻，但要设置好功率和速度），制作出模型各个直面。边侧弧面为单独制作，再把直面和弧面进行粘接，最后组合成整体形态。如图7－4所示。

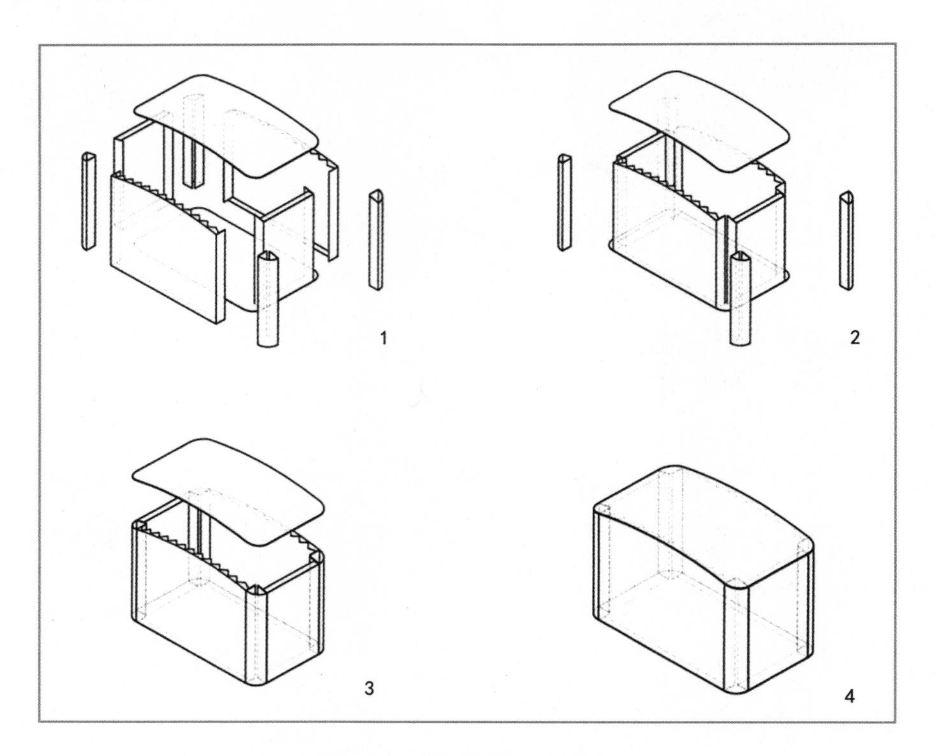

图7—4 模型制作思路图示

2. **实施步骤**

（1）绘制平面图。按照模型制作的实际尺寸在卡纸上绘制烤面包机的正视图。也可运用AI软件绘制视图，直接打印在纸材上。为了增加模型的硬挺度，把模型底部粘接在一块纸板上。如图7－5所示。

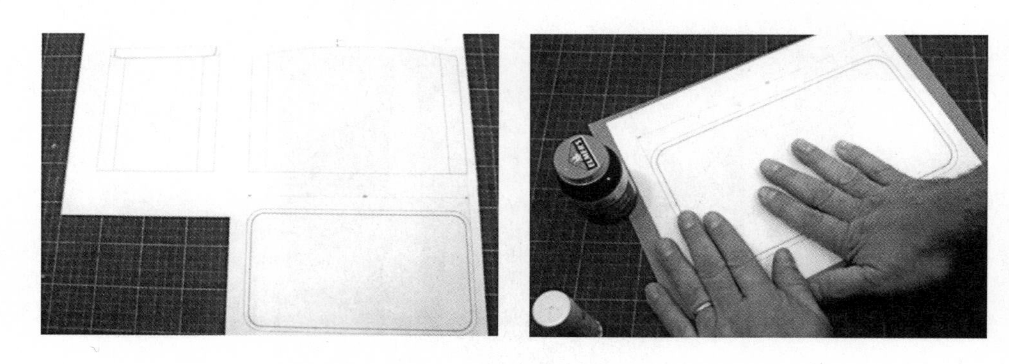

图7—5 绘图及粘接纸板

（2）制作主体并粘接。沿折叠线裁切粘接部位，用黏合剂将纸板粘接组装起来。需要注意的是较薄的纸模型粘接不要使用液体胶，干化后容易使纸材发生变形，一般用固体胶或双面胶来完成。如图7－6所示。

图7—6　粘接主体

（3）制作边侧弧面。边侧弧面直接弯曲形态不易掌握，一般先在纸材上绘制等分线，用尺子沿等分线弯曲纸材，然后折叠起来，这样弧面过渡更加均匀。如图7－7所示。

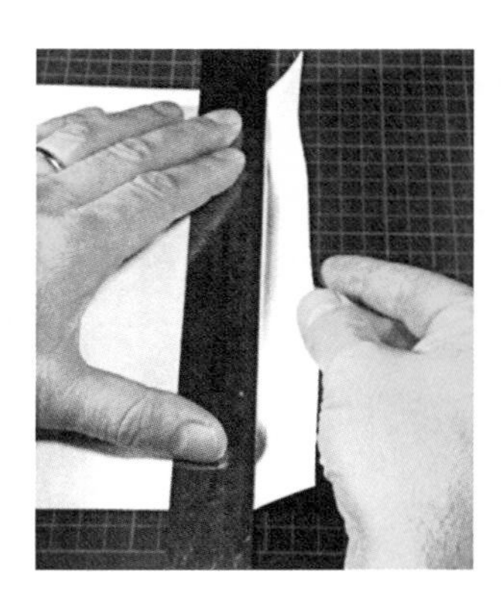
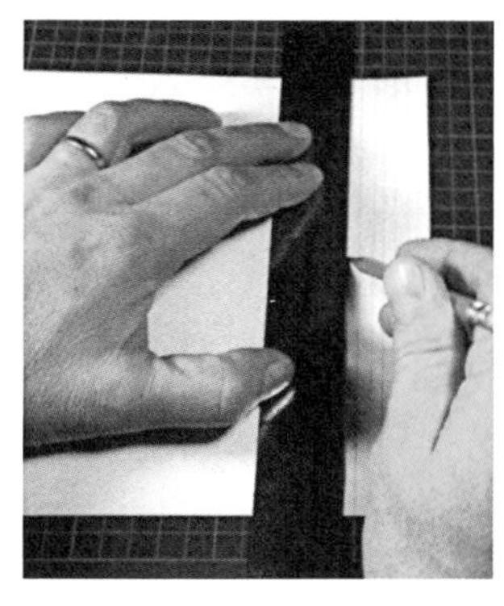
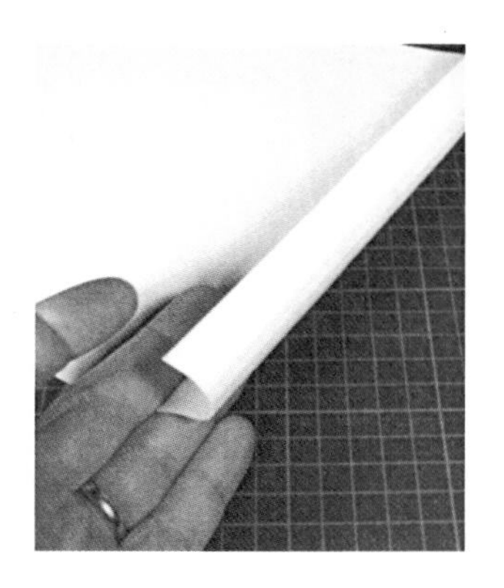

图7—7　制作弧面

（4）粘接弧面。把边侧弧面修剪成需要的长度，然后和主体进行粘接。同理制作其余三个弧面并粘接。如图7－8所示。

图7—8　粘接弧面

(5)顶面装饰。由于本纸模型是用来检验整体形态和比例，故模型顶面没有进行深入细节制作，而是采用二维绘图软件处理成需要的效果进行装饰处理，直接打印出来并裁剪成需要的形状，然后和主体部件粘接制成。如图7－9所示。

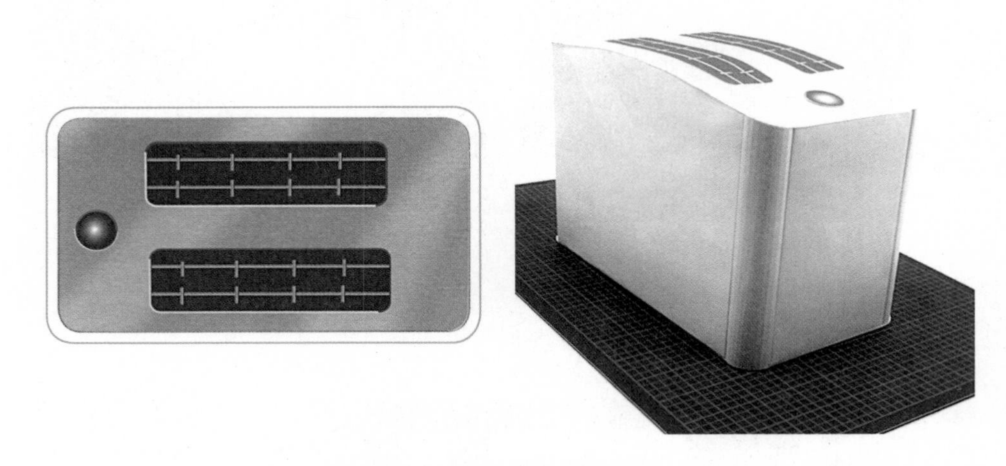

图7—9　顶面装饰及完成模型

注：此案例来源于［英］Bjarki Hallgrimsson（比亚克·哈德格里姆松），经作者编辑整理而成。

案例二：瓦楞纸穿插灯具模型制作

图7—10　瓦楞纸穿插灯具模型

1. 模型制作思路分析

该模型主体为两块瓦楞纸板穿插组合而成。制作中，先把瓦楞纸板按照图纸裁切成需要的形状，再制作出中间灯泡托架部分即可。整体模型较为简单，主要是利用瓦楞纸板的特点进行穿插结构的处理。

2. 实施步骤

(1)材料、图纸准备。根据设计方案绘制出两块穿插结构的平面图纸，并根据图纸尺寸，准备相应的瓦楞纸板。如图7－11所示。

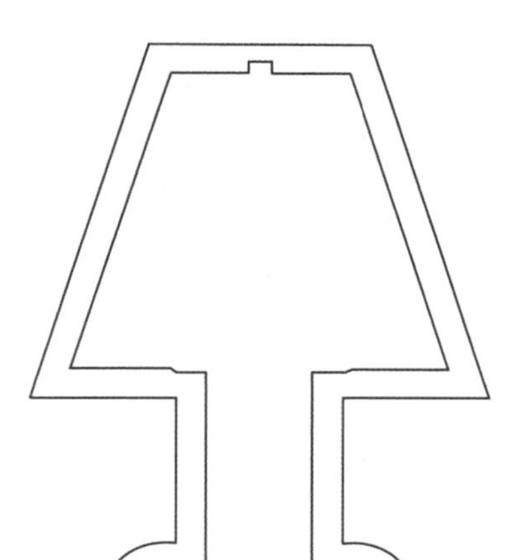
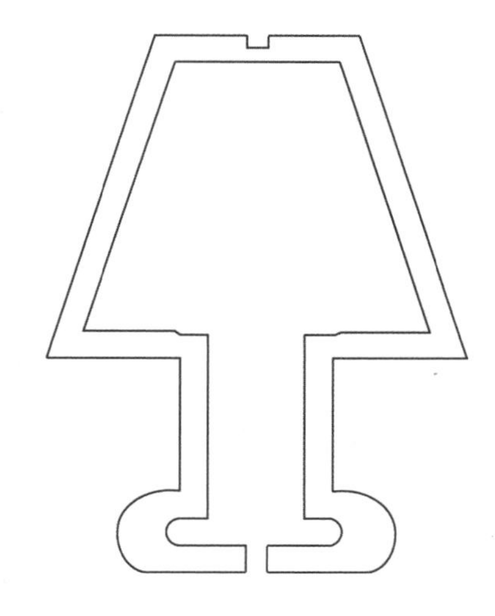

图7—11　穿插结构平面图形

（2）根据模型尺寸大小，裁切出合适的瓦楞纸板。注意裁切时要在玻璃桌面上进行裁切，以防划坏桌面。如图7－12所示。

图7—12　裁切出合适大小的瓦楞纸板

（3）在纸板上绘制二维图形，并根据图形进行裁切，得到需要的形状。同理制作出中间灯泡托架部分。由于单块瓦楞纸板厚度不够，本案例中采用把两块瓦楞纸板粘接在一起以达到需要的厚度。如图7－13、图7－14所示。

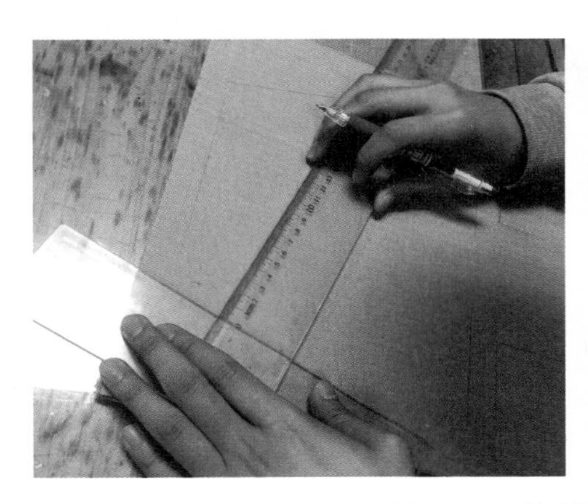

图7—13　绘制图形、裁切形状

图7—14　裁切出各部件

（4）粘接、组装。把各部件粘接、组装起来，组成最后灯具模型。如图7－15所示。

图7—15　粘接、组装模型

纸模型作品欣赏

图7—16　Anthony Dann 设计的纸板凳

图7—17　KARTON硬纸板家具

图7—18　Forrest Radford设计的硬纸板折叠桌

图7—19　瓦楞纸笔筒

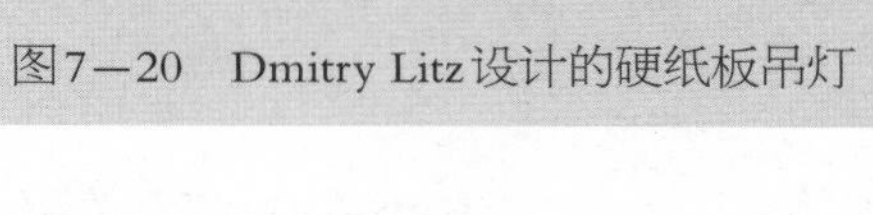

图7—20　Dmitry Litz设计的硬纸板吊灯

本章练习与思考

1. 纸模型的主要用途是什么？
2. 纸模型的制作方法有哪些？
3. 分别运用卡纸和瓦楞纸板制作2个产品模型。

第8章　发泡模型制作

8.1　项目分析

本章所讲解的发泡材料是指聚苯乙烯泡沫塑料。具有加工方便、成本低廉、易于保存的优点。缺点是怕碰，不易加工细节，不易修改，不能直接着色，遇酸、碱容易被腐蚀，须做隔离层，如用虫胶清漆先进行隔离涂饰。一般用于制作低保真度外观型构思模型，或是其他模型的内芯，如油泥模型等。发泡材料适合用减成制作流程创作模型，是一种常用的桌面型制模材料。

发泡材料适合需要快速制作的低保真度模型，主要用途在于探究模型的外观和整体视觉比例，也可以用于制模项目初期针对人体工程学和适合度的用户测试。发泡材料的柔软结构意味着这种材料很容易出现压痕，如果重压这种材料，很容易断裂。低保真度意味着不能体现出小细节，所以这种材料适合在无须探讨产品细节的产品研发项目早期制作低保真度的原型。

8.2　发泡模型制作方法

8.2.1　塑　形

发泡是一种热塑性材料，在加热的条件下会变软、融化。因此可以用电热泡沫切割工具进行切割。电热泡沫切割工具有台式和手持式两种，为发泡的塑形提供了极大的便利性。台式电热切割机通常用来切割整体轮廓形态，手持式电热切割工具对于制作一些小细节具有很大的帮助。

注：电热泡沫切割工具会熔化发泡，产生有毒烟气。因此，必须在通风条件良好的环境中使用。另外千万不能用手碰到加热的电热丝，以防伤手。

除了电热切割工具外，还可以用锯、手工刀对发泡进行裁切。运用锉刀、砂纸等对其表面进行打磨。

8.2.2 粘　接

发泡的粘接不能使用有机黏合剂，会与发泡材料发生化学发硬，毁掉模型。一般采用木工胶或是橡胶胶水对发泡材料进行粘接。

8.2.3 喷　漆

一般而言，发泡材料模型不用上漆，因为其主要是用来研究外观的快速制作模型。如果一定要上漆，应该选择水性漆料上底漆，不能直接用气溶漆料或是油性漆料进行喷漆，会侵蚀模型表面，破坏模型。底漆层往往是水性石膏粉，这种颗粒填充的漆料可以有效填充发泡材料表面缝隙。当底漆层干化之后，用细颗粒的砂纸磨平，然后喷上水性丙烯酸漆料。当然，水性丙烯酸漆料也可直接用作底漆。

8.2.4 细节装饰

发泡材料不能很精细地制作出产品细节，比如分割线、按钮、屏幕等。这些细节通常用胶带或贴纸来完成，既节省时间，也能表现效果。如胶带可以有效地表现分割线，打印图案贴纸可以表现按钮、屏幕等。

案例一：儿童玩具手机模型制作

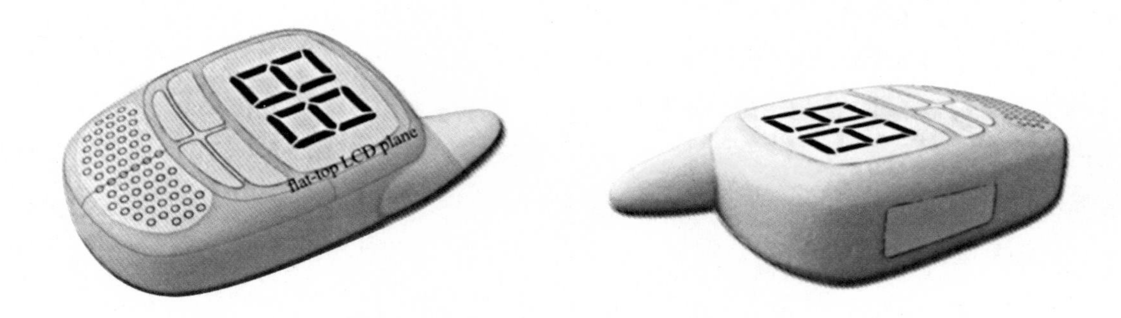

图8—1　儿童玩具手机模型

1. 模型制作思路分析

该模型发泡部分由机身和天线构成，先运用电热切割机切割出大致形态，然后运用锉刀、砂纸进行打磨。表面屏幕和按钮部分是通过AI绘制图纸，打印出来贴在表面。侧面分割线使用胶带进行标记。

2. 实施步骤

（1）绘制平面图。根据设计方案，在AI软件中绘制产品二维视图，也可用其他软件绘制，其尺寸要与模型实际尺寸一致。打印出来，作为发泡塑料切割和打磨的模板。如图8－2所示。

（2）切割机身形体。把打印出来的正面视图用胶水粘贴在发泡板材上，运用电热切割工具沿着外轮廓切割发泡材料，切割出玩具手机的大致形体。注意切割时要留有一定的加工余量，以供打磨之用。模型的轮廓也可用曲线锯、手工刀等进行切割。如图8－3所示。

（3）打磨侧面轮廓。用电热切割机切割出形体侧面后，表面较为粗糙，先用粗砂纸进行打磨，使侧面光滑，并取下正视图标签。如图8－4所示。

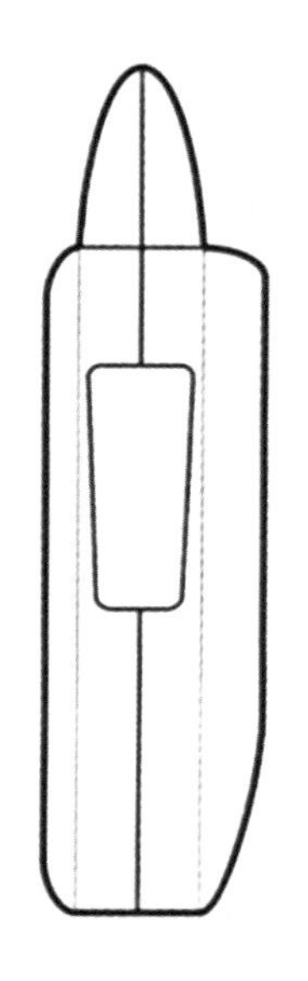

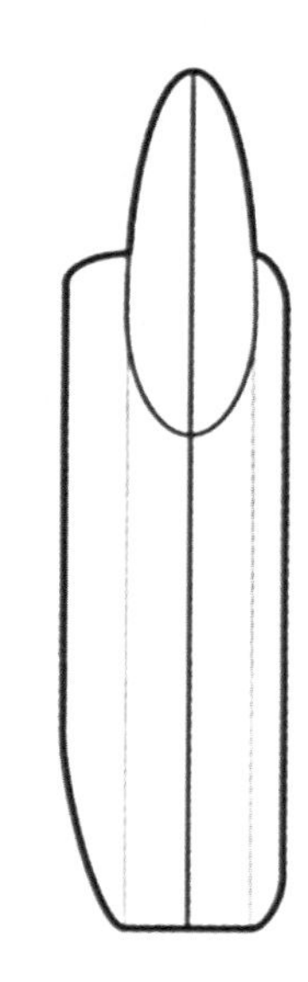

图8—2　产品二维视图

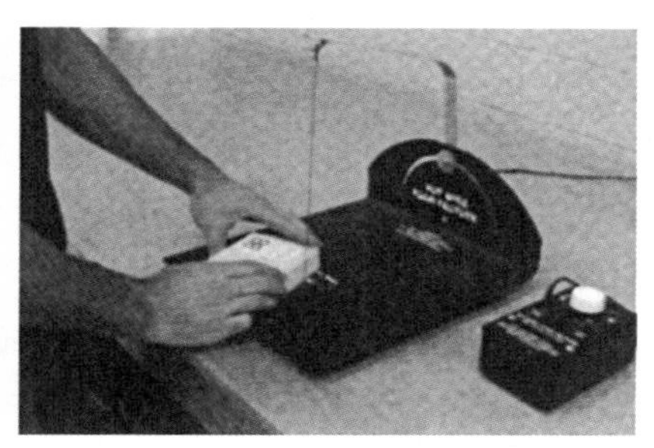

图8—3　切割形体

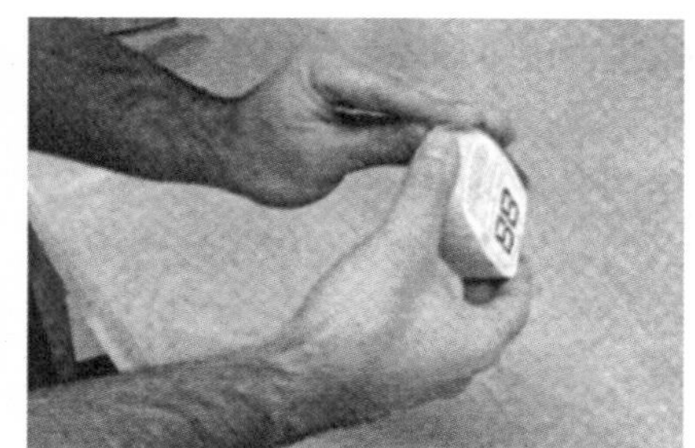

图8—4　打磨侧面

（4）制作上弧面。模型上部有较大弧面，可用砂纸进行打磨。为保证弧面准确，可用遮盖胶带标记过渡部分。同时在上表面增加一个标记上表面屏幕和按钮的标签。如图8－5所示。

（5）形体检测。打磨完成后，可以用侧面模板检验侧面是否准确，这一步并非严格需要，但是可以预先获得一个确定的模型形状。由于砂纸打磨过程中破坏了标签，因此需要再打印一个标签，贴到上表面。如图8－6所示。

（6）制作天线。剪下天线的前视图和侧视图标签，贴到发泡材料上。运用电热切割工具，根据两个视图切割出天线的轮廓，然后运用锉刀、砂纸对天线进行打磨，磨出天线的椭圆形横截面。如图8－7所示。

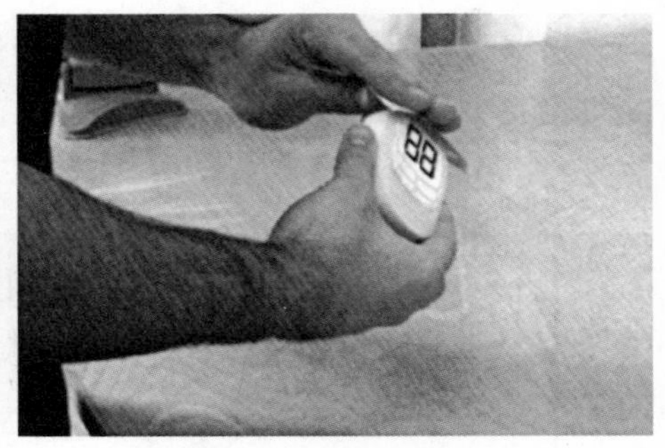

图8—5　打磨上弧面

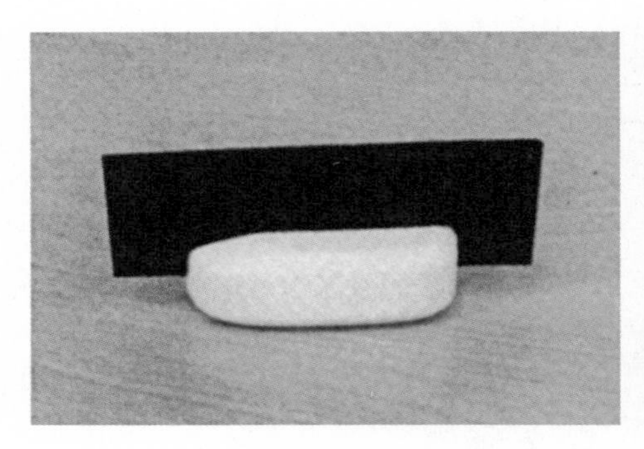

图8—6　形体检测

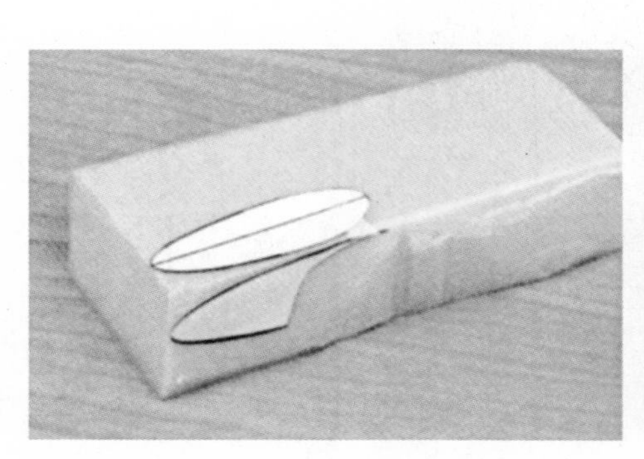
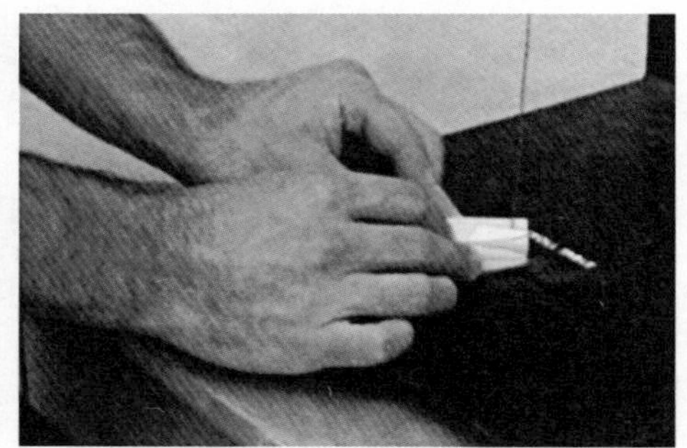

图8—7　制作天线

（7）检验天线。对天线精细打磨，并对照主体检验最终的椭圆形天线是否与之匹配。如图8－8所示。

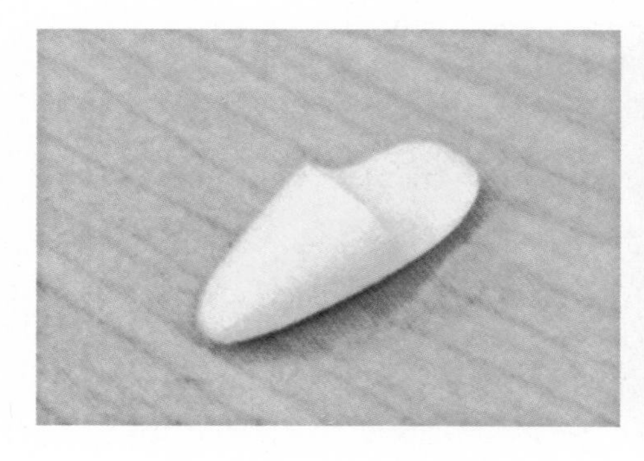
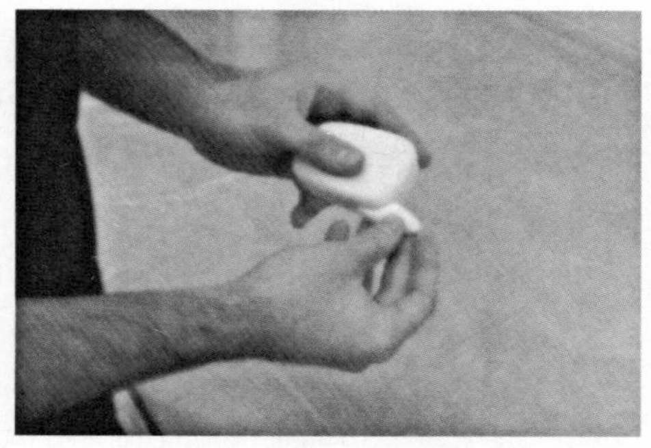

图8—8　检验天线

(8) 粘接、组装、装饰。用橡胶胶水把机身和天线粘接起来。并打印新的标签，对机身屏幕、按钮、发音及侧面部位进行粘贴装饰，用细胶带标记出侧面分割线。如图8－9、图8－10所示。

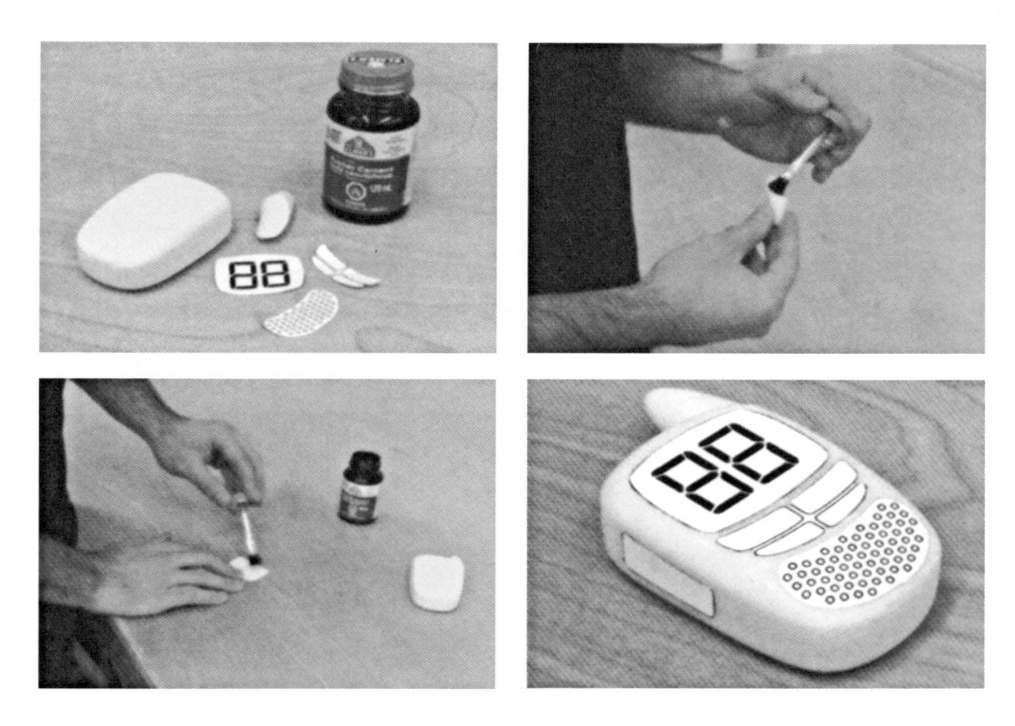

图8—9　粘接、组装、装饰

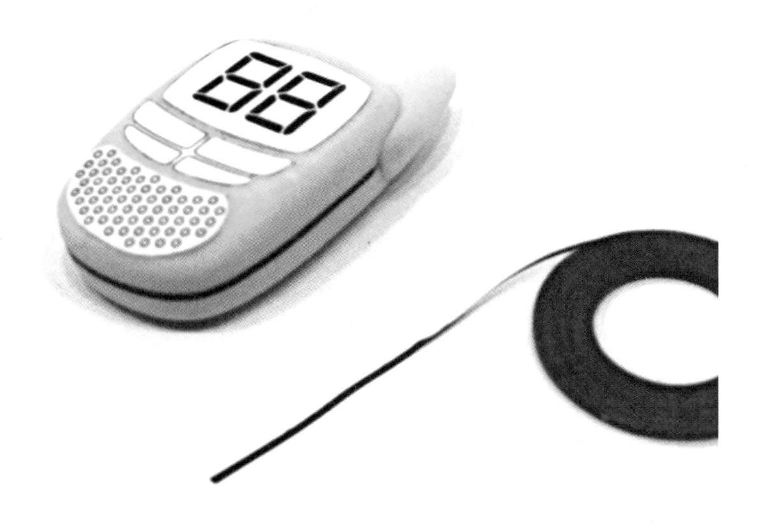

图8—10　完成模型

注：此案例来源于［英］Bjarki Hallgrimsson（比亚克·哈德格里姆松），经作者编辑整理而成。

案例二：飞行器模型制作

1. 模型制作思路分析

该模型采用减成流程，由一整块发泡通过不断切割、打磨完成。切割工具主要运用了电热切割机、手持电热切割工具。打磨主要运用锉刀、砂纸。固定工具运用台式虎钳设备。

图8－11　飞行器发泡模型

2. **实施步骤**

（1）材料、工具、图纸准备。根据设计方案及模型尺寸，准备相应的材料和工具。并绘制二维图纸，以备模型制作参照使用。发泡根据模型尺寸切割成合适的块材。如图8－12所示。

图8—12　材料、工具准备

（2）切割飞行器主形体轮廓。把预先打印好的飞行器顶视图图纸贴在发泡块材表面，运用电热切割机沿轮廓线切割出飞行器模型主形体，注意要留有一定的加工余量，以备打磨损耗之用。切割时要注意手不能碰到电热丝，以防伤手。如图8－13所示。

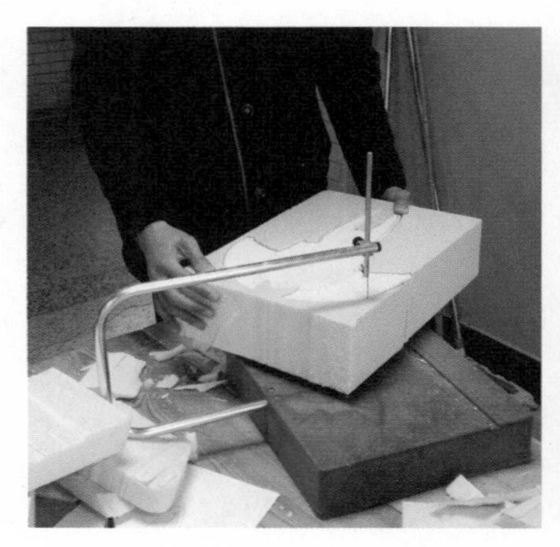

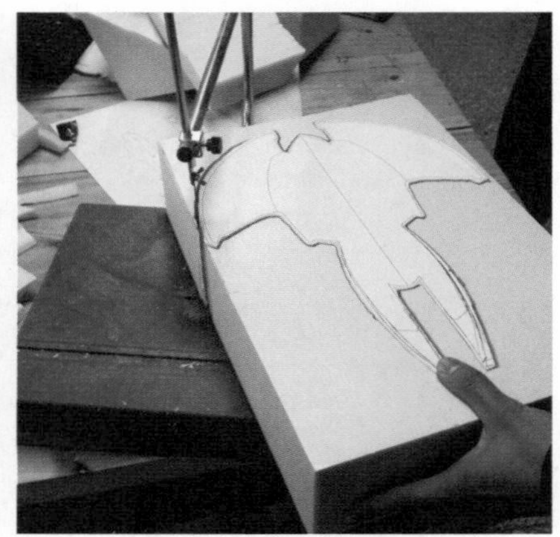

图8—13　切割轮廓

（3）刮割飞行器模型表面形体。运用手持电热切割工具对模型表面进行刮割，刮割出表面大致形状。刮割时同样要注意安全。如图8－14所示。

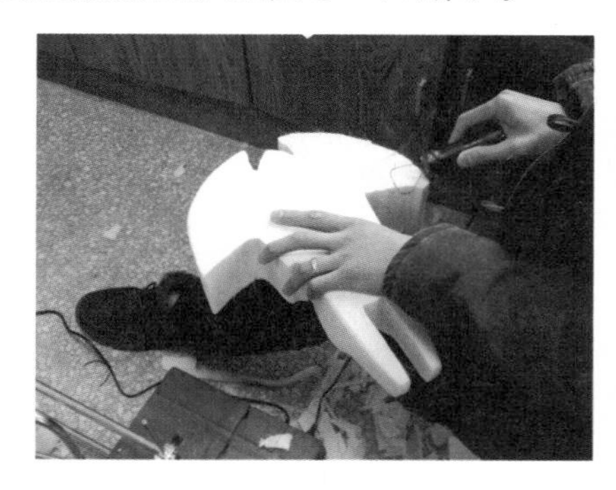
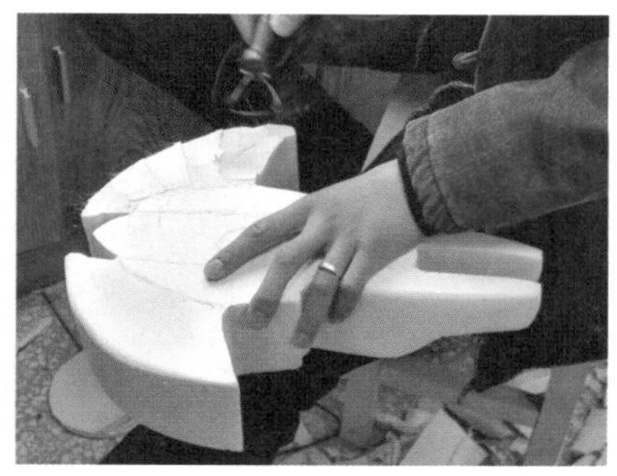

图8—14　刮割表面形体

（4）打磨形体。运用电热工具切割出大致形态后，运用锉刀、砂纸等打磨工具对模型进行打磨，打磨时要边打磨，边和图纸对照。可配合台式虎钳固定模型，但要注意不能夹得太紧，以防夹坏模型。如图8－15所示。

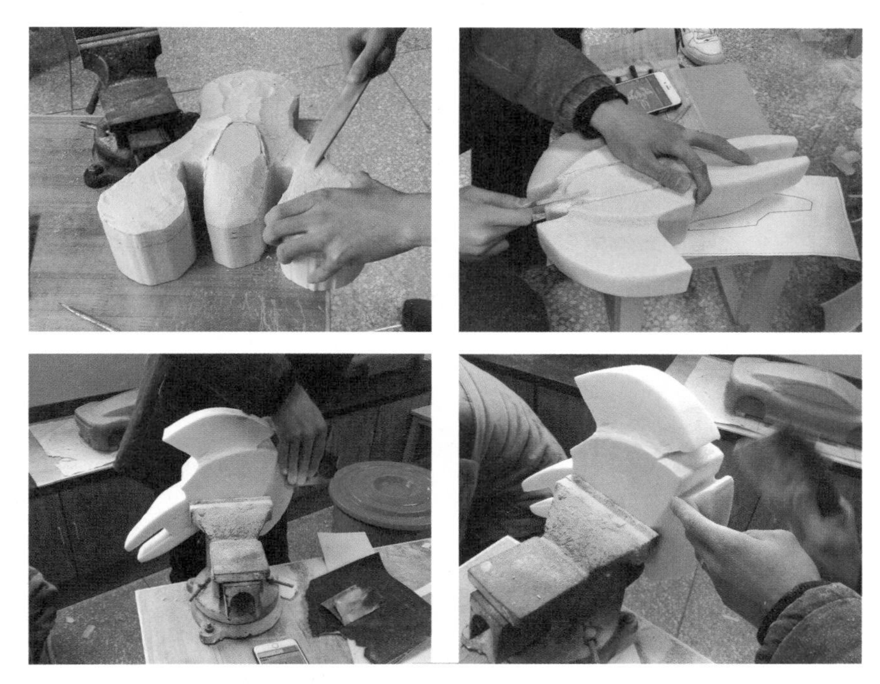

图8—15　打磨形体

（5）完成模型制作。如图8－16所示。

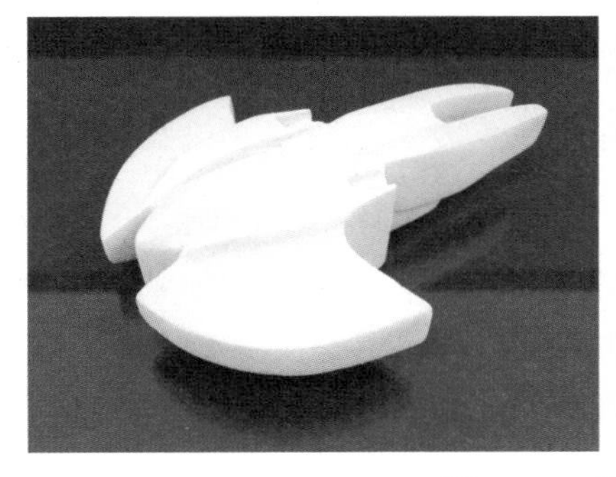
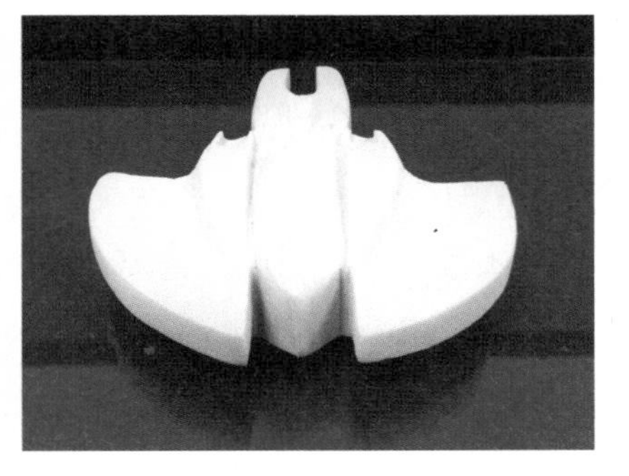

图8—16　完成模型制作

案例三：游戏手柄模型制作

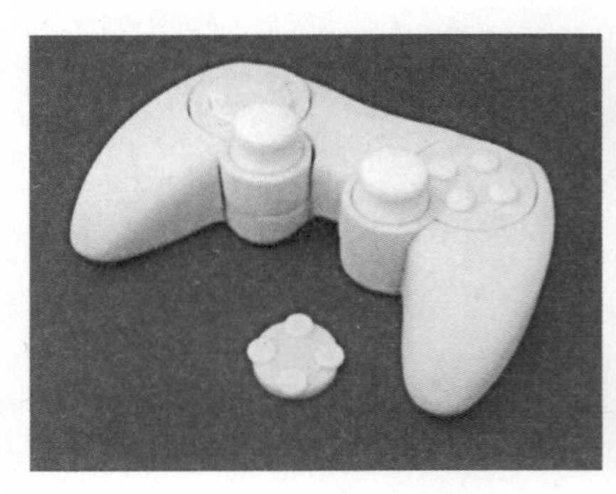
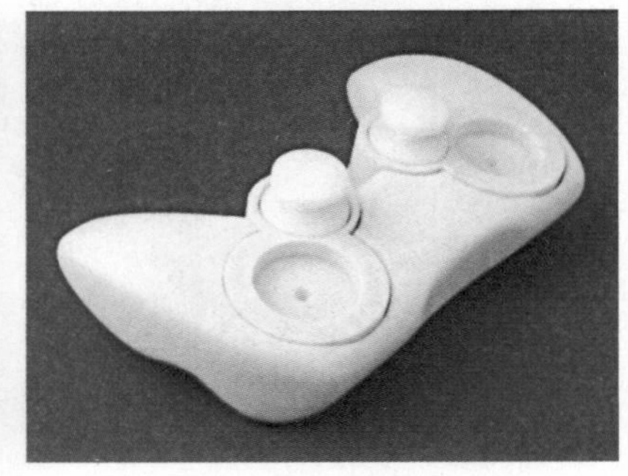

图8—17　游戏手柄模型

1. **模型制作思路分析**

该模型主壳体是一个较为复杂的有机形态，控制杆和按钮是凸出的圆柱形壳体，根据制模加成流程，参照图纸运用电热切割机分别切割各部件形态，然后运用打磨工具打磨成需要的形状，最后把各个部件组装起来。

2. **实施步骤**

（1）准备工作。根据设计方案绘制模型二维图形，以做切割模板使用。根据模型尺寸准备相应的发泡材料，并准备好模型制作工具。图纸可以手绘，也可运用AI软件进行绘制。如图8－18所示。

图8—18　设计方案及顶视图、侧视图

（2）切割孔洞。把打印裁剪好的各部件顶视图贴在发泡材料表面，要注意各部件之间的位置组合，一方面排在一整块发泡板上以节省材料，另一方面部件之间要留有一定的加工余量。首先切割主壳体上的小孔，为圆柱形壳体留出空间。可以通过安装在钻床上的孔锯，或者线锯完成。如图8－19所示。

（3）切割轮廓并打磨。根据图纸用带锯或线锯切割各部件轮廓，使用电动工具时要注意安全。然后运用打磨工具磨光部件轮廓，再贴上侧面模板。由于切割以后主壳体有些部位较薄，操作时要注意，以防模型断裂。如图8－20所示。

图8—19　根据图纸切割主壳体孔洞

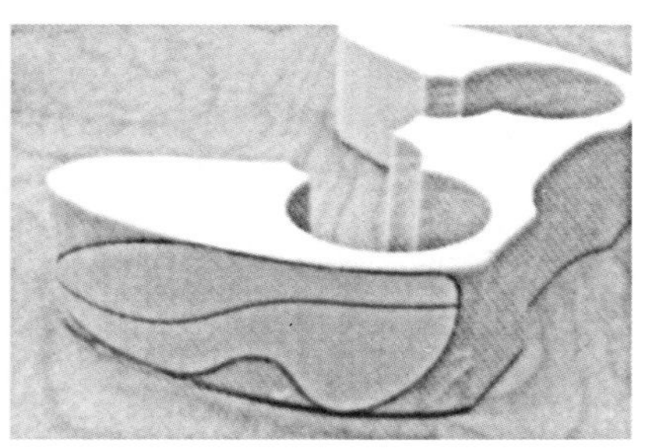

图8—20　切割、打磨部件轮廓

（4）加固主壳体。由于主壳体有些部位较薄，可采用加固的方式增加其强度。方法是利用圆柱形壳体的一部分和主壳体进行粘接，以加固主壳体。将两个圆柱形凸出壳体切成两半，把下半部分粘接到主壳体孔洞部位下方，形成更坚固的主壳体。上半部分先保留下来，到最后再粘接到主壳体上，以形成凸出的圆柱形形状。如图8－21所示。

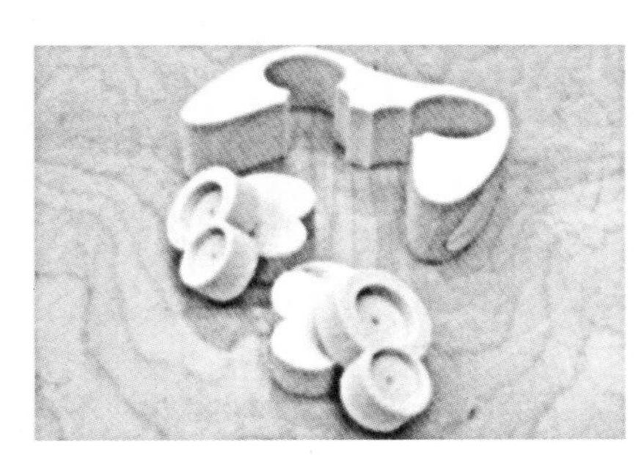
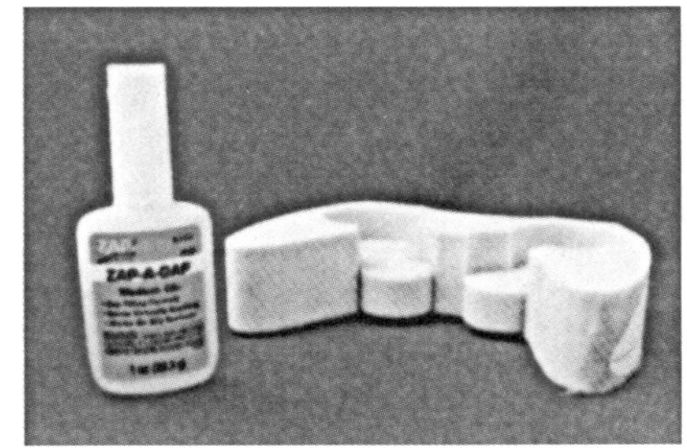

图8—21　运用一半圆柱形部件加固主壳体

（5）打磨侧面。运用带式砂轮机把模型侧面打磨成形，也可用锉刀或砂纸进行打磨。运用手持锉刀或砂纸打磨时，须借助台式虎钳进行固定。如图8－22所示。

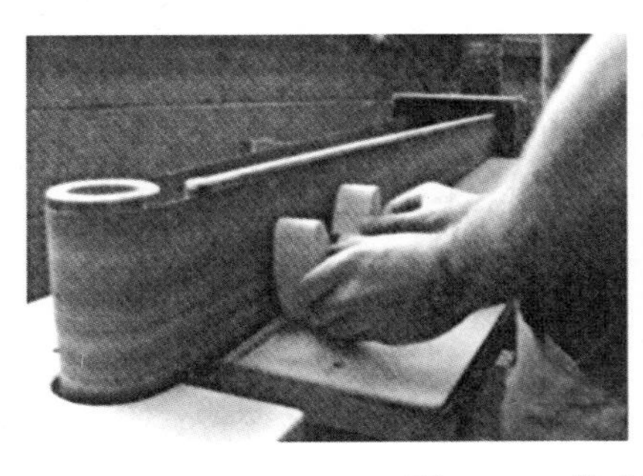

图8—22　带式砂轮机打磨侧面

（6）打磨凹面。运用柱式砂磨机磨光放手指的凹面，也可用圆形锉刀完成。如图8－23所示。

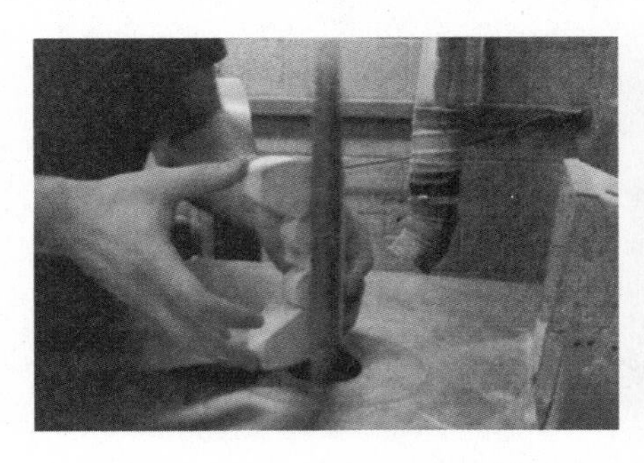

图8—23　打磨凹面

（7）精细打磨。用砂纸对模型表面进一步精细打磨，打磨成所需要的形状。如图8－24所示。

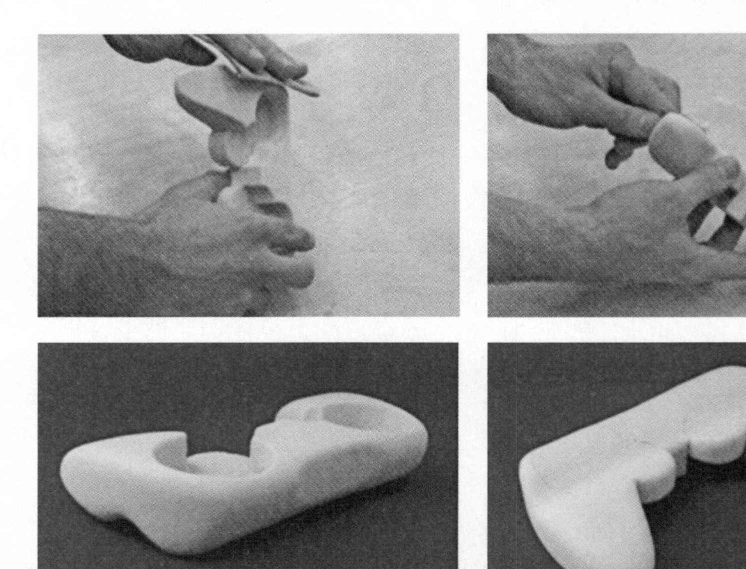

图8—24　精细打磨

（8）粘接、组装。最后，把模型各部件和主壳体进行粘接，固定在相应位置。注意发泡材料粘接时可采用木工胶，或是专业的氰基丙烯酸黏合剂，以免腐蚀材料。如图8－25所示。

注：此案例来源于［英］Bjarki Hallgrimsson（比亚克·哈德格里姆松），经作者编辑整理而成。

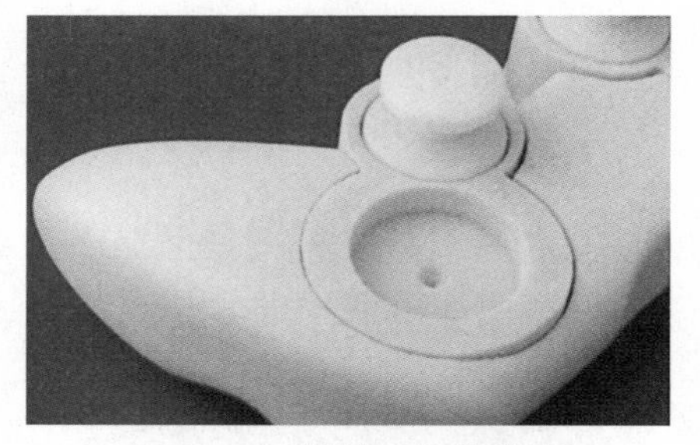

图8—25　粘接、组装模型

本章练习与思考

1. 发泡模型的主要用途是什么？
2. 发泡模型的制作方法有哪些？
3. 运用发泡材料制作2个产品模型。

第9章　ABS直方体、小曲面模型制作

9.1　项目分析

在产品设计的海洋中，设计风格各式各样，设计师可以凭借丰富的想象能力进行设计创造。但在现实生产中的产品，由于功能、结构、生产成本的影响，外形为直方体、小曲面的产品占很大比例，尤其是电子、电器、IT类产品，内部为电子线路板，外面用注塑机壳。很多企业在设计之初就有了明确的设计风格与方向，设计师必须具备在限定风格下进行设计创新的能力。该项目通过制作这一类型产品的模型，训练学生对真实产品形态、结构的认识，强化空间理解能力，学会直方体、小曲面模型的制作方法。

直方体、小曲面产品基本结构形式有上下壳组合、前后壳组合、多壳体复合组合。人机界面有按钮、显示屏、小凹凸处理。

9.2　专业能力分解

9.2.1　设计要点

（1）直方体类产品外形设计能力、空间想象能力，小曲面、单曲面形态处理能力。

（2）人机界面凹凸的设计能力、空间想象能力与形态处理能力。

9.2.2　模型制作要点

（1）直方六面体的制作技巧、下料与拼接，上下壳、前后壳体的分割与对位。

（2）小曲面、单曲面的制作能力与技巧。

（3）独立小曲面形体的制作。

（4）小部件的独立制。.

9.2.3 加工技巧

（1）切割技巧。
（2）打孔技巧。
（3）打磨技巧。
（4）粘接技巧。

9.3 小曲面制作方法

一般曲度较小的曲面，用冷加工的方法，先用手工或雕刻机裁切出多片ABS曲面单片，然后将多片ABS板叠粘起来，磨制成曲面。单曲面可用较薄的ABS板，弯曲成曲面，单曲面和侧面粘接时要制作加强筋，以易于粘接和加强稳定性。如图9－1、图9－2所示。（制作原理及方法可参见6.2.2单曲面产品）

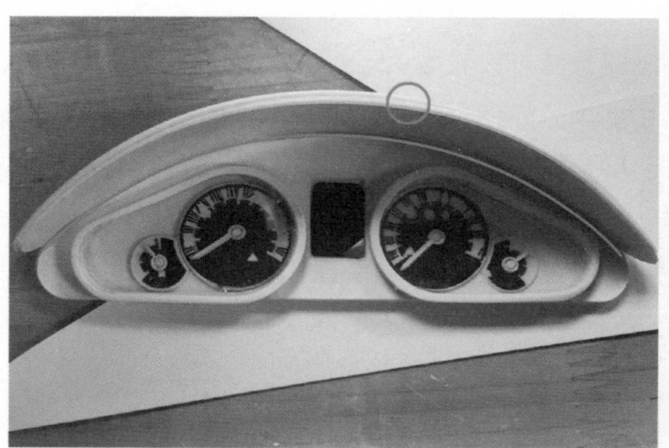
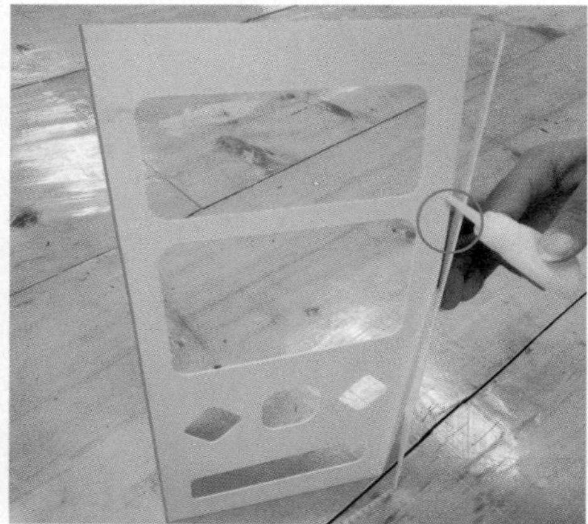

图9—1 多层叠粘制作小曲面和单曲面粘接

图9—2 完成效果

9.4　制作步骤图示

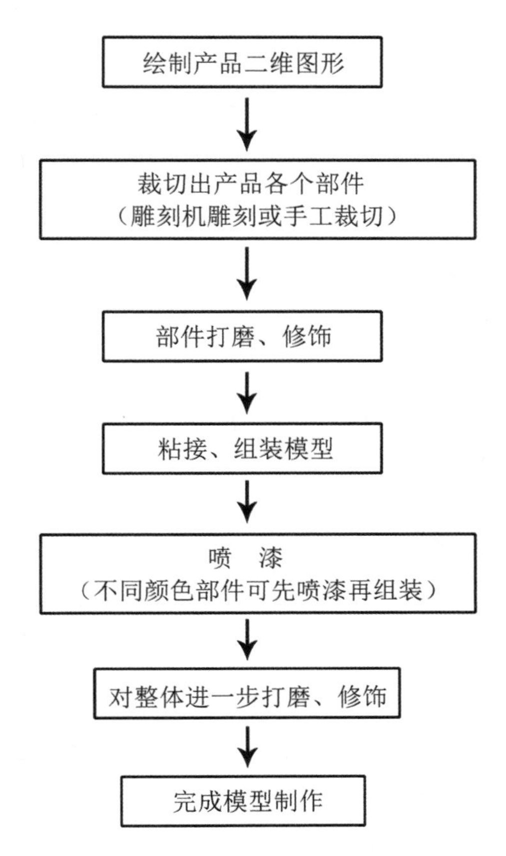

图9—3　直方体、小曲面ABS模型制作步骤

案例一：手掌游戏机模型制作

1. **模型制作思路分析**

该模型主体为前后壳组合形式，由ABS塑料制作。先绘制模型各部件分解平面图，根据整体尺寸选用合适大小的ABS板，为了使模型整体有较强的稳定性，并易于弯曲制作曲面和粘接，可采用厚度为1～2mm的板材。运用激光雕刻机对ABS板进行雕刻，制作出模型各个部件，然后对各个部件进行粘接和组装。

2. **实施步骤**

（1）绘制平面图，按照模型制作的实际尺寸进行绘图。一般运用AI软件绘制，可直接导入激光雕刻机程序中。

（2）根据尺寸选用合适大小ABS板，运用激光雕刻机切割出各部件。不同板材、同一板材不同厚度甚至不同型号的雕刻机，雕刻时功率和速度都有所差别，应选择合适的功率和速度进行雕刻，以免熔化板材或是没有刻透。为避免雕刻不成功，可先用边角料进行尝试，得出合适的功率和速度值，再进行整体雕刻。如图9－4所示。

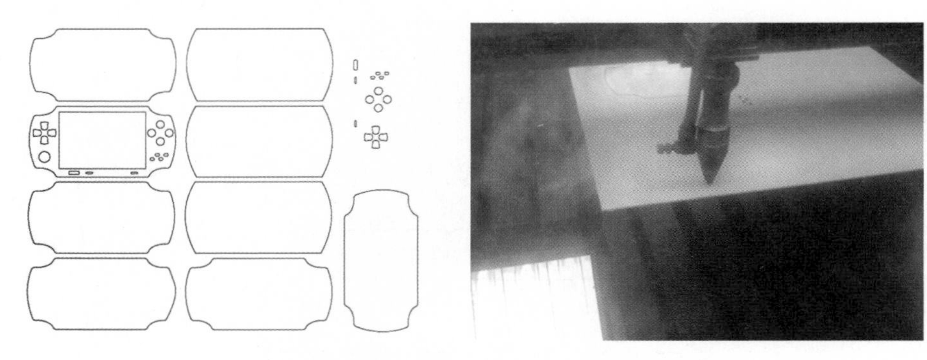

图9—4　绘制二维图形并雕刻

（3）雕刻完成后，对于一些没有完全刻透的丝连部位，可直接用手按压扳折，或是借助于美工刀进行裁切，如图9－5所示。

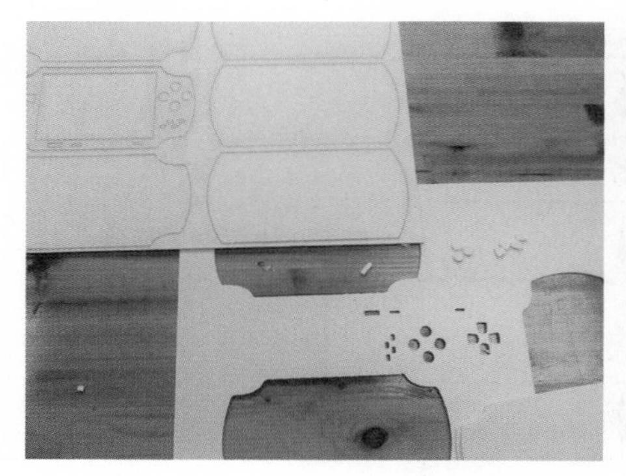

图9—5　雕刻出的模型部件

（4）运用锉刀、砂纸等打磨工具，对部件粗糙部位进行打磨，使其平滑，如图9－6所示。

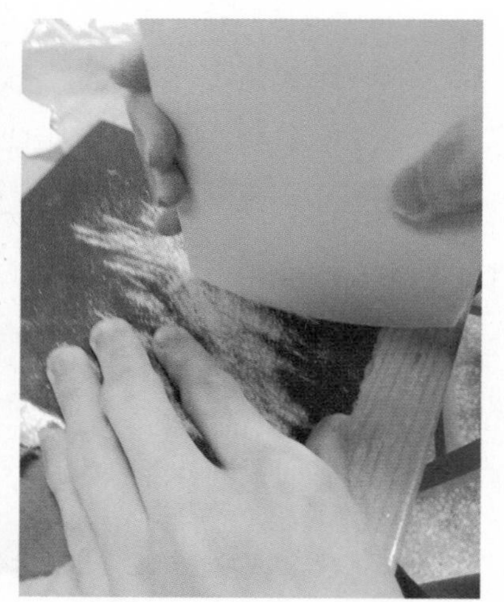
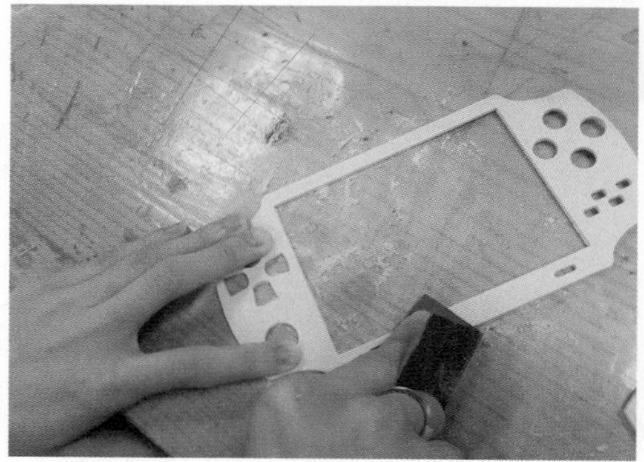
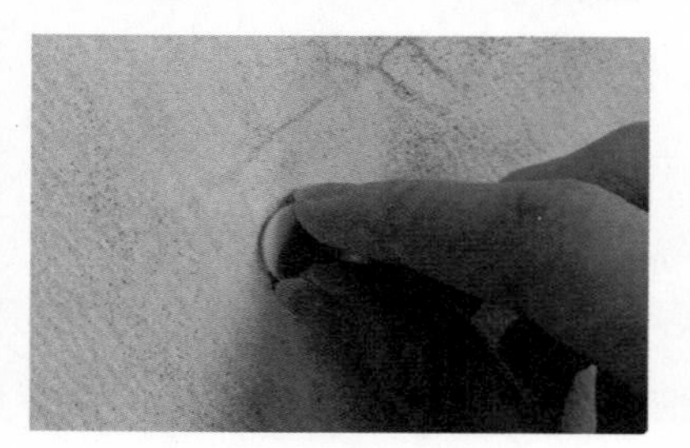

图9—6　打磨模型部件

(5) 对模型零部件进行粘接组装，粘接可用高效502胶。对于叠粘做出厚度的部位，由于多层粘接会产生缝隙，要用原子灰进行填缝，再进行刮磨，待原子灰干透后再用砂纸进一步打磨。如图9－7所示。

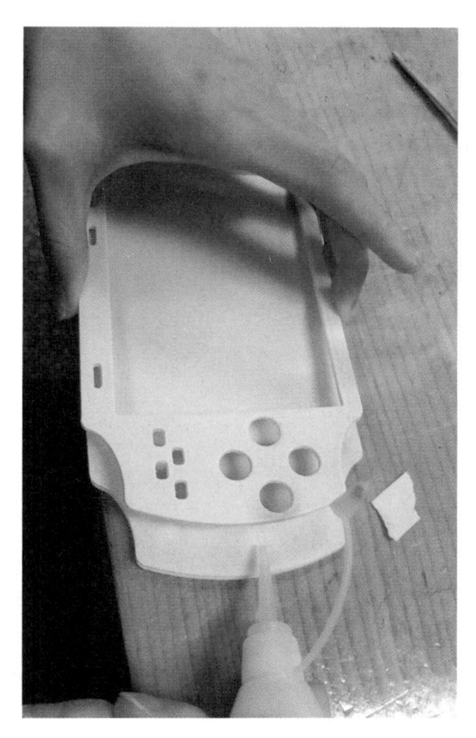

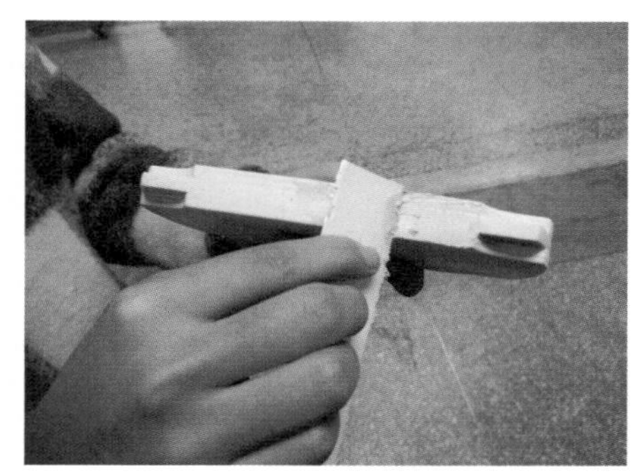

图9—7 粘接、组装模型

(6) 最后对模型进行喷漆，完成模型。对于一些较小的零部件，可先喷漆再组装。如图9–8所示。

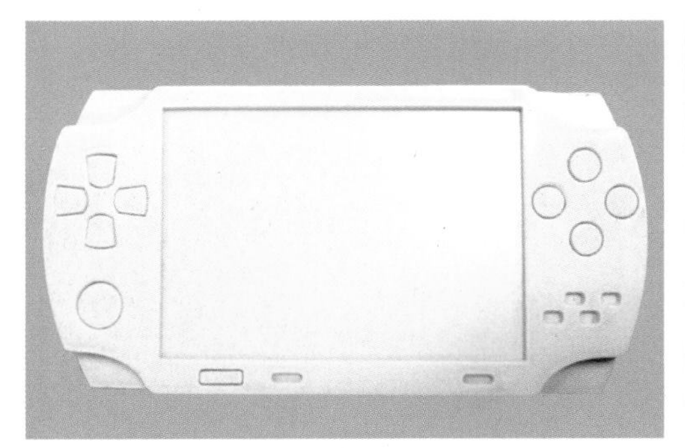

图9—8 完成模型制作

案例二：小提琴模型制作

1. **模型制作思路分析**

小提琴模型主要由上下壳组成，运用雕刻机雕刻出上下壳模型部件，中间曲面部分可用较薄ABS板弯曲，然后和上下壳进行粘接。粘接时要制作加强筋，以增加强度和稳定性，最后制作出其余部件进行组装，最后喷漆完成模型制作。

2. **实施步骤**

（1）运用二维绘图软件按照模型实际尺寸绘制产品部件平面图，导入激光雕刻机程序中，设置好雕刻功率和速度进行雕刻。如图9－9所示。

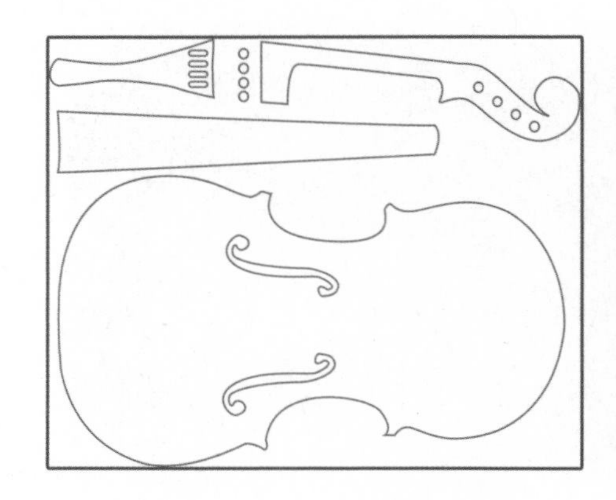

图9—9　绘制二维图形并雕刻

（2）取出各个雕刻部件。对于一些没有完全刻透的部位，可直接用手按压扳折，或是借助于美工刀等工具进行裁切。如图9－10所示。

图9—10　雕刻出模型部件

（3）对各零部件进行打磨、修饰。如图9－11所示。

图9—11　修整部件

（4）整体组装、喷漆。如图9－12所示。

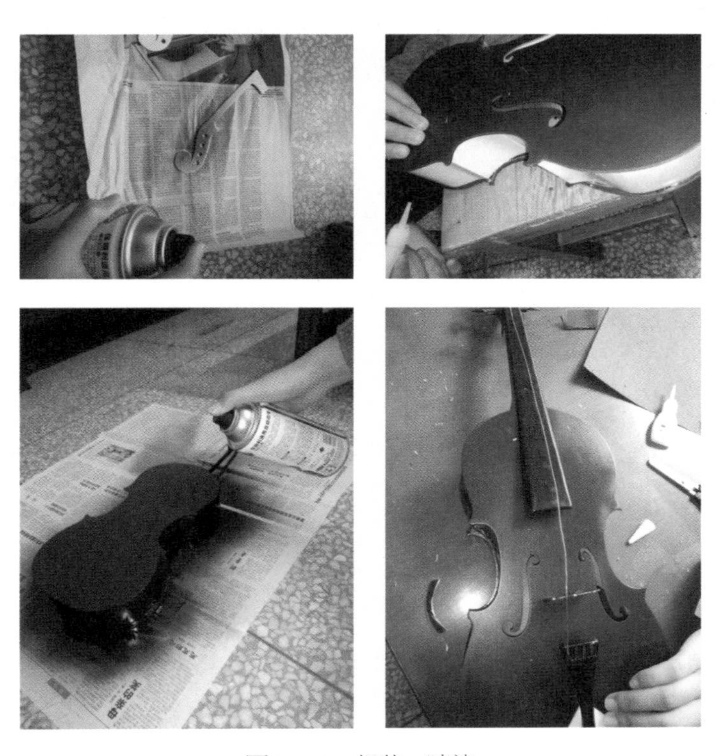

图9—12　组装、喷漆

（5）完成模型制作，如图9－13所示。

图9—13　最终效果

案例三：查询机模型制作

1. 模型制作思路分析

查询机主体由机身和底座组成，均为直方体、小曲面结构。机身前后壳弯曲形式可用雕刻好的ABS部件沿着侧面直板进行弯曲，然后和侧面粘接起来，由于模型体积较大，内部加强筋结构要多做一些，以增强稳定性，并保证形态准确。底座为直方体结构，可直接用雕刻好的部件进行粘接组装，内部同样要做加强筋。之后制作按钮、屏幕等细节部位，最后喷漆，完成模型制作。

2. 实施步骤

（1）运用AI软件绘制查询机二维平面图，按照模型实际尺寸绘制。如图9－14所示。

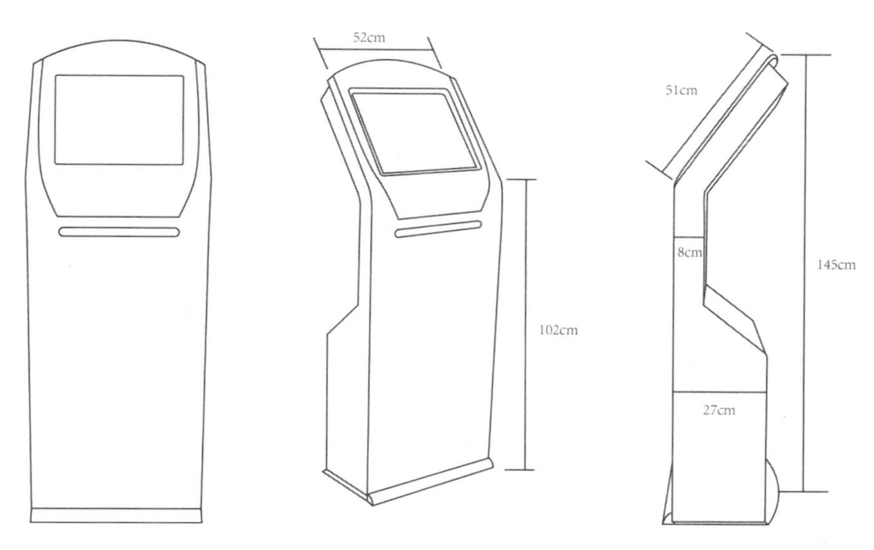

图9—14　查询机二维图及尺寸

（2）把产品部件二维图导入雕刻机中进行雕刻，得到模型制作所需各个部件。如图9－15所示。

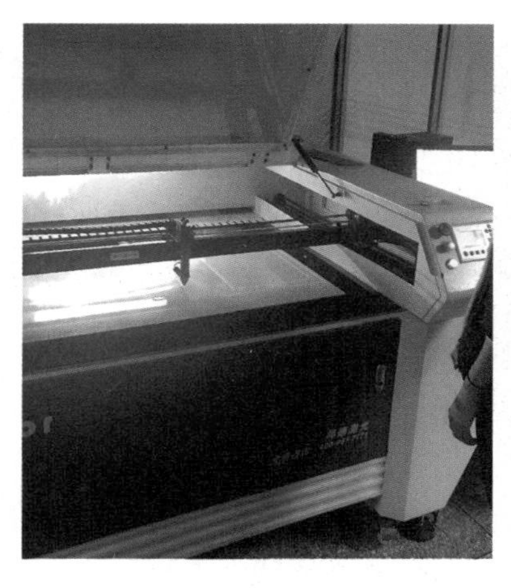

图9—15　雕刻查询机部件

（3）运用锉刀、砂纸等对雕刻出的各部件进行修饰，如图9－16所示。

图9—16　部件修饰

（4）对各个部件进行粘接、组装，并进一步修饰。由于模型尺寸较大，粘接所需加强筋也要加多、加大，以增强稳定性和粘接强度。如图9－17所示。

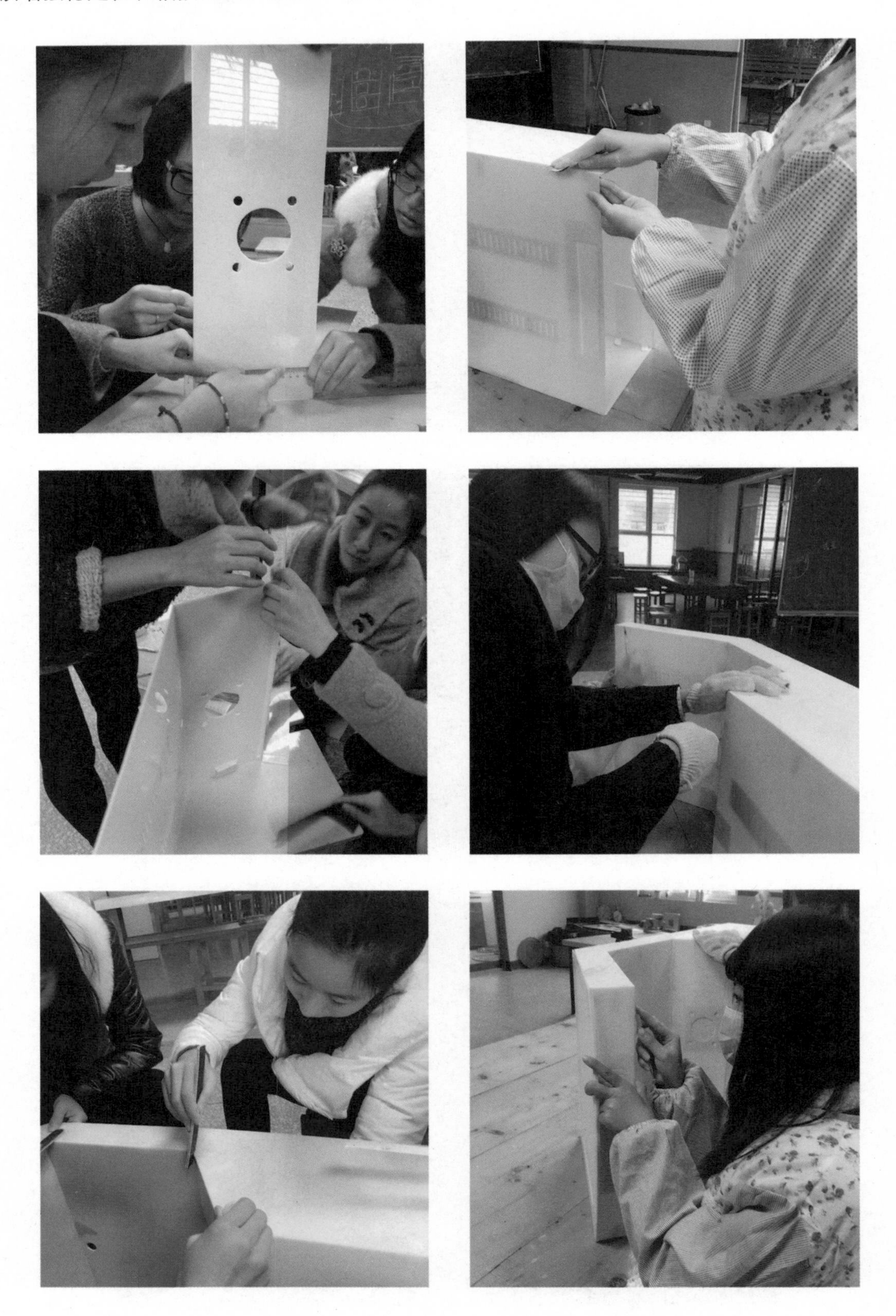

图9—17　粘接、组装部件

（5）对粘接后产生缝隙的部位运用原子灰进行修补，待原子灰干透后进行打磨，使模型表面光滑。如图9－18所示。

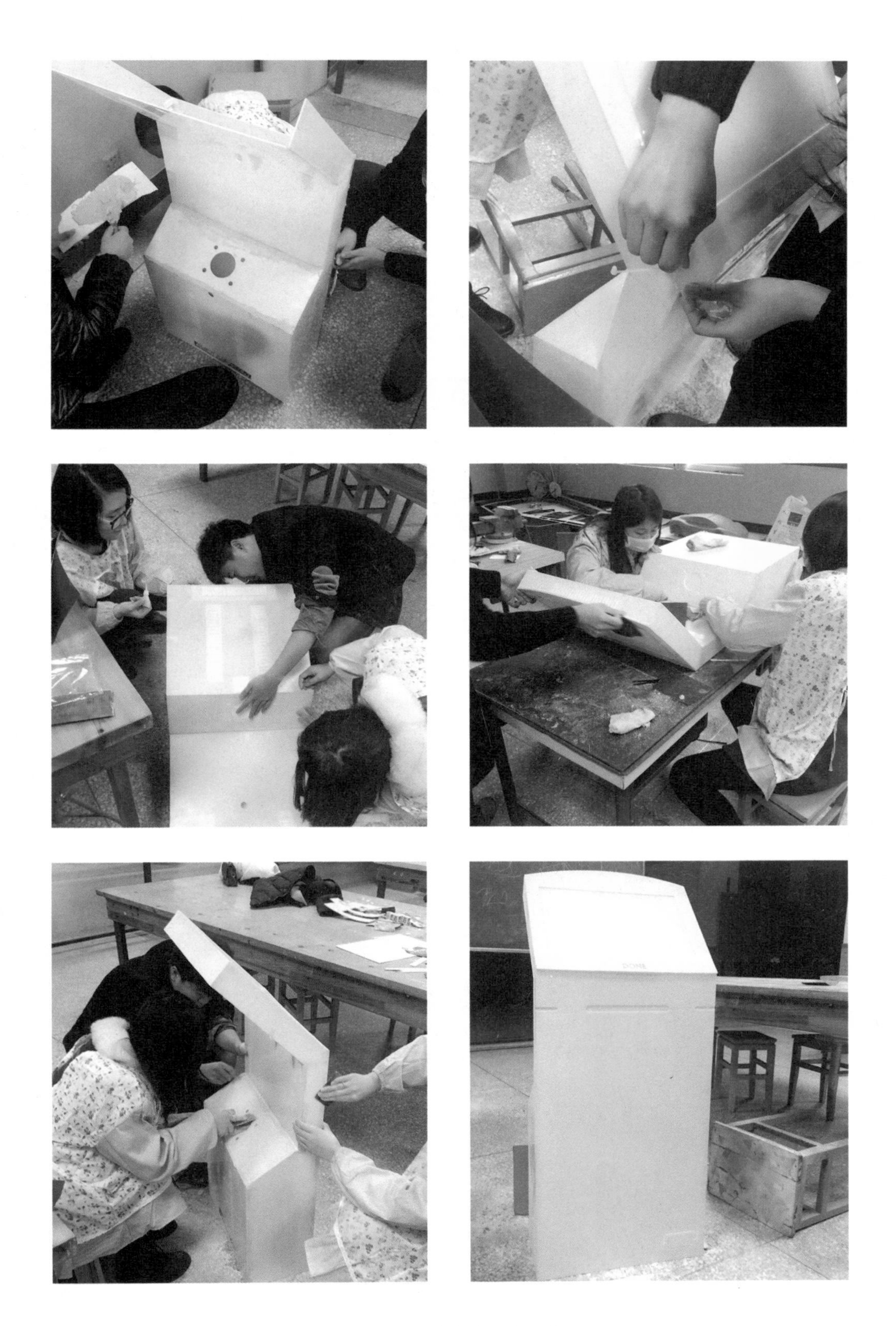

图9—18　模型进一步修饰

（6）模型表面喷漆，如图9－19所示。

（7）对屏幕进行装饰，完成模型制作。如图9－20所示。

图9—19　模型喷漆

图9—20　最终模型效果

ABS直方体小曲面模型欣赏

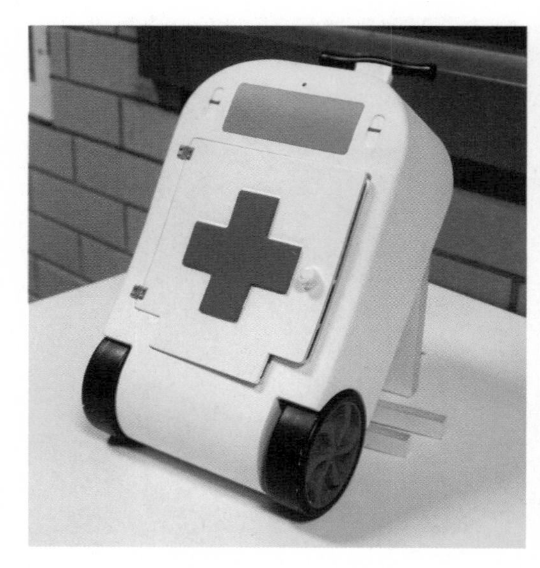

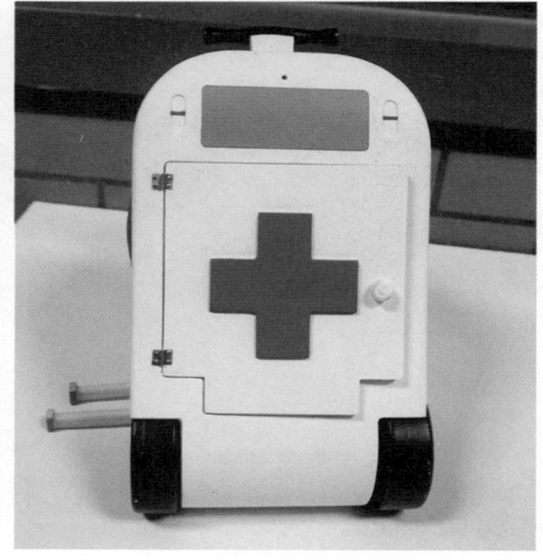

图9—21　公共救护箱

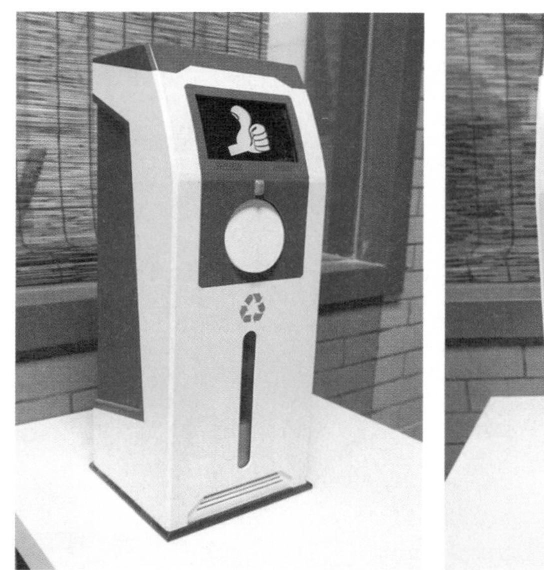

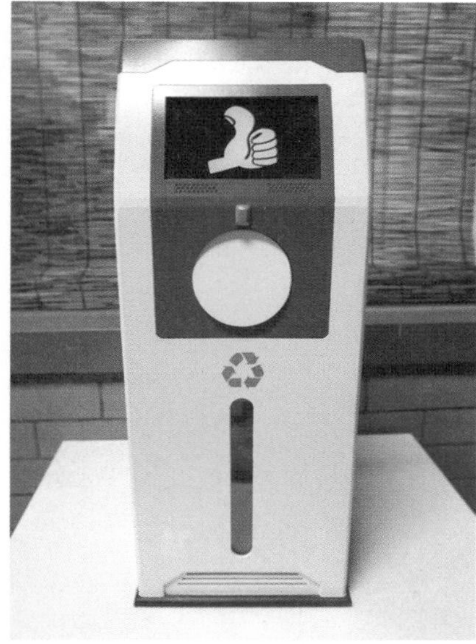

图9—22　交互式垃圾箱

图9—23　查询机

图9—24　查询机

图9—25　叫号机

本章练习与思考

1. 直方体、小曲面模型的制作方法?
2. 运用ABS材料制作2个直方体、小曲面产品模型。

10

第10章　ABS自由曲面模型制作

10.1　项目分析

伴随着设计风格的多样化，产品造型也呈现各式各样的形态。曲线、曲面由于其自身所具有的优雅气质和所散发出的语意功能，一直备受人们所喜爱。对于产品曲面的设计和研究，一直是产品设计的重点，也是难点。同样，曲面模型的制作也是产品模型制作的难点技术，须用心面对。ABS自由曲面模型主要是通过热压塑形的方法进行制作。将ABS加热（烤热、非明火）软化至高弹态，通过压力或真空吸力使ABS软片紧贴在内模表面，冷却硬化为包在内模上的曲面壳体。取出内模，得到曲面壳体。切除掉多余的边料，得到所需要的曲面。

10.2　ABS曲面压模的步骤

相应步骤如图10-1所示。

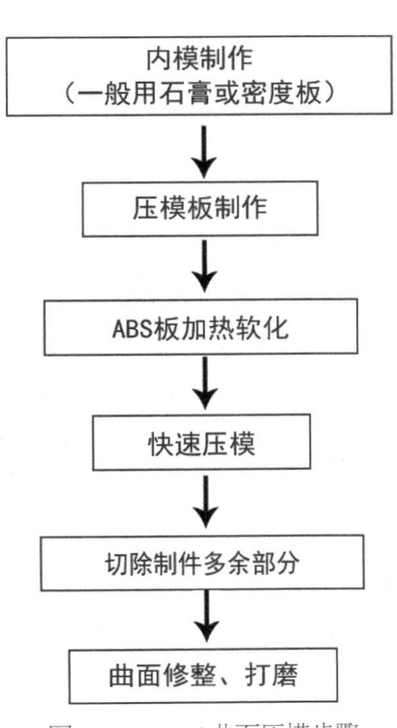

图10—1　ABS曲面压模步骤

10.3　ABS曲面压模技术要点

10.3.1　内模制作

内模一般分为凸模和凹模两种。凸模是热塑性成型工艺中塑制塑件的重要载体，一般ABS类塑料模型制作都采用凸模。凸模的外形决定着塑件的形态，要加工精细。凸模尺寸大小要比实际作品小，外尺寸向里缩小2~3mm左右（实际尺寸减去ABS板的厚度）。凸模一般用石膏或密度板制作，磨制过程中要注意分模面的设计与确定，拔模斜度的制作，以便压模后可以方便内模的取出。凹模形态与凸模正好相反，用于与凸模对模热压塑制成型，主要用于塑制曲面有一定变化（表面有凹凸起伏变化）的形态。凹模的制作材料通常与凸模相同，其制作较为复杂，通常在模型制作中很少使用。

10.3.2 压模板制作

压模板是配合凸模进行塑制的空孔形板状模具，其孔形与凸模的平面投影形状相同，主要用于塑制曲面简单形态。压模板的作用是将放在凸模上的ABS软片顺着分模面的方向按压；压模板的内边将其拉紧，绷在凸模的表面上。压模板选用平整的木板，如三夹板、五夹板、中密度板。所以内模的分模面一定是平面。分模面的上、下都必须有拔模斜度，以便在压模后，ABS板冷却变硬，可以取出石膏内模。压模板开洞孔，套在内模上，与其有一定间隙；间隙为所用ABS板的厚度。制作时必须精细加工，根据内模的分模面，画好挖孔边线。用电锯开孔，先开小一点，必须留有余量，再用锉刀修大。边修边放到内模实物上试一试，一直修到合适为止。压模孔的质量，决定将来曲面的质量。

10.3.3 ABS板的加热与曲面压制

ABS板的加热，一般放在烤箱内，烤温为130℃左右，十来分钟即可软化。操作时必须随时观察其软化程度，因ABS过热极易烧焦起泡。加热时，ABS板应放在较大木板上一起放入烤箱，须戴手套拉木板出来，拉动一下ABS板。一旦变软立即停止加温，准备压模。压模时戴手套，双手抓住软片的两个角，将软板提起。不能让ABS软片相互接触，因容易粘连在一起影响使用。

10.3.4 ABS压模

在分模面以下，垫上纸板或木板，留出上面凸型部分。将软ABS板准确放在凸型上，迅速将压模板套在凸型中向下按压。要连续按压，中间不能停顿，以免ABS板变硬影响塑性。如果型上还有小的凹凸变化，需另外一人配合按压凹凸部，复杂的情况还需制作排气口。

案例一：压模练习——果盘制作

图10—2　果盘模型

1. **模型制作思路分析**

该圆形果盘是运用亚克力材料进行压模成型。首先运用AI软件绘制果盘图案，运用雕刻机雕刻出平板图案形状，把雕刻出的亚克力板置于烘箱中加热。待软化后在压模型材上进行压制作出所需形态，最后进行表面处理即可。压模型材可根据实际需要制作，或采用现有工具。

2. **实施步骤**

（1）绘制果盘平面图形。运用AI软件按照模型实际尺寸绘制，如图10－3所示。

图10—3　果盘平面图形

（2）导入二维图形文件到激光雕刻机中，把亚克力板雕刻成所需形状。如图10－4所示。

图10—4　雕刻成平板图案形状

（3）把雕刻出的亚克力板和放置于烘箱中烘烤，并通过烘箱窗口实时观察亚克力板变形状况。待亚克力板受热软化后，关闭烘箱，戴上手套拎起亚克力板两端，对软化的亚克力板在内模型材上进行按压，压成所需形状。待亚克力冷却硬化后，再对其进行表面处理，完成果盘模型制作。如图10－5所示。

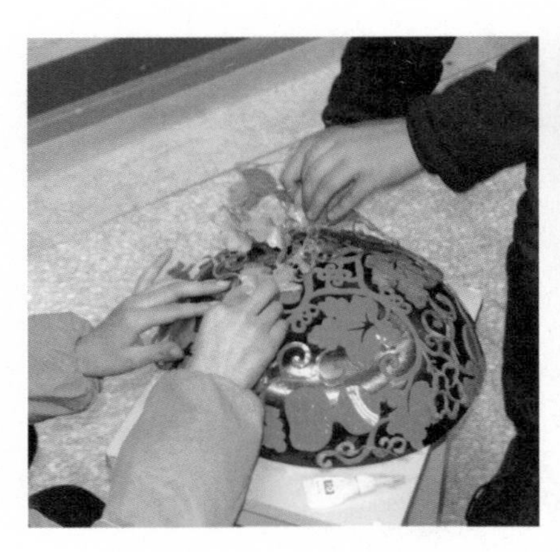

图10—5　压模、完成果盘模型制作

注：操作时一定要戴好手套，注意安全。压模过程要迅速、准确。另外由于本次压模形体简单，直接雕刻成果盘平面形状，故没有使用压模板，也没有多余边缘进行切除。

案例二：鼠标模型制作

图10—6　鼠标模型

1. **模型制作思路分析**

该鼠标模型是采用密度板制作凸模，然后制作压模板，把ABS板加热软化后配合压模板压制出整体曲面，再制作底面和滑轮，粘接组合而成。

2. **实施步骤**

(1) 准备工作。绘制鼠标平面图，以备切割密度板和制作压模板参照使用。并准备好需要的材料和工具。如密度板、ABS板、万能胶、锉刀、砂纸等。并把密度板和ABS板切割成所需要的尺寸大小，单块密度板厚度不够，可用两块叠加粘接而成，密度板的粘接用强力万能胶即可。如图10－7所示。

(2) 制作凸模。在密度板上标画出鼠标的三视图，或是把三视图打印出来贴在密度板上，根据尺寸、形状参照切割出大致形状，再进行精细打磨，打磨时固定制件需借助虎钳，完成凸模制作。如图10－8所示。

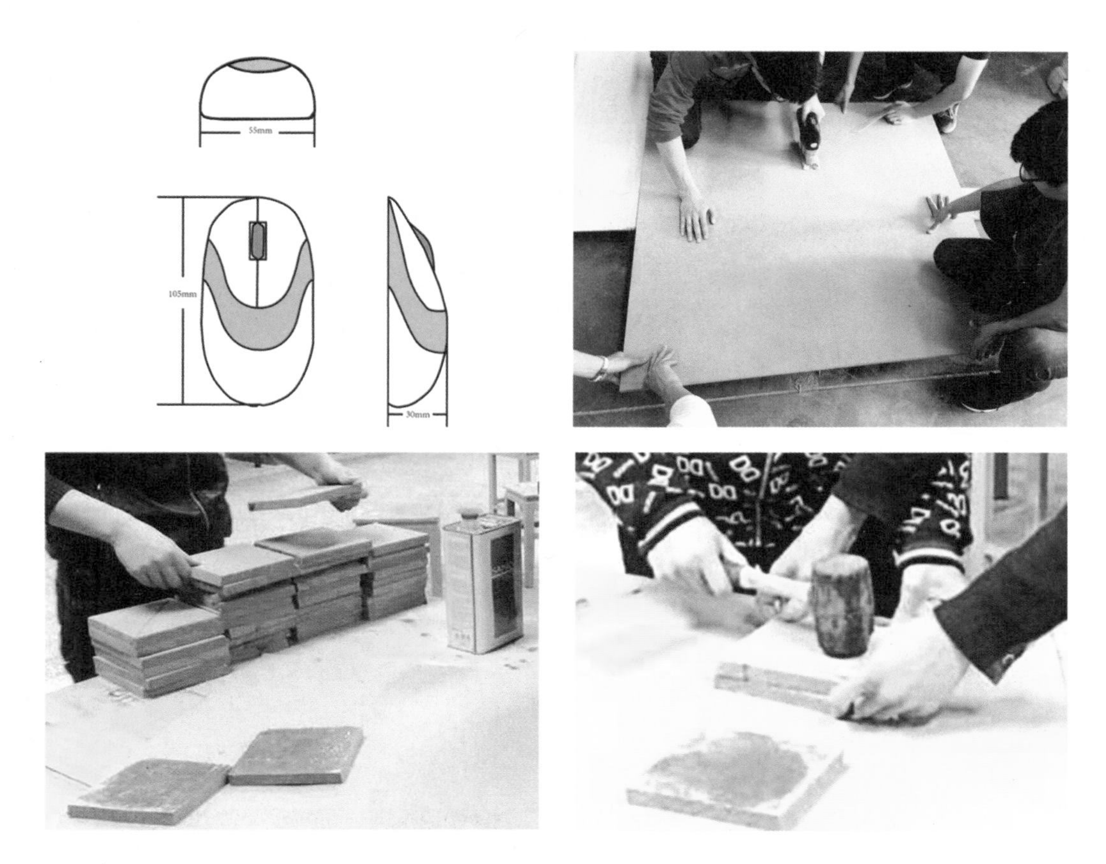

图10—7　图纸、材料准备

图10—8　制作密度板凸模

（3）制作压模板。压模板需具有一定的强度和硬度，不能和软化的ABS塑料产生粘接反应。压模板属于一次性应用材料，校内模型实验一般采用价格低廉、取材方便的胶合板或椴木板制作。根据鼠标顶视图尺寸、形状参照切割出压模板，并对其内部边缘进行精细打磨。如图10－9所示。

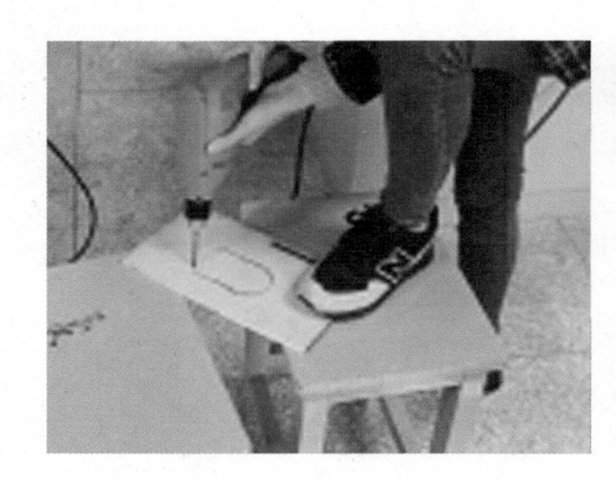
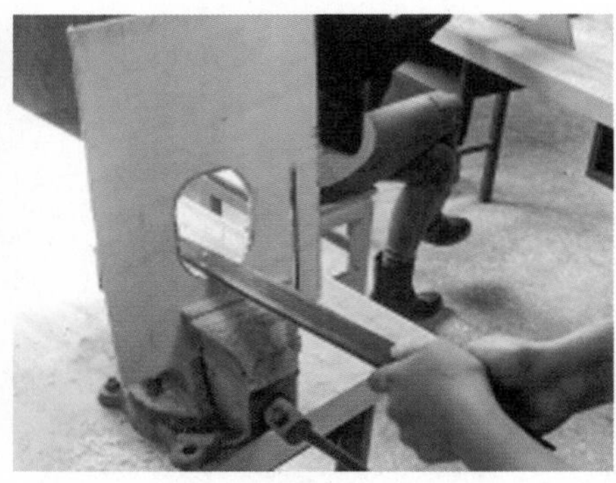

图10—9　制作压模板

注：压模板由于是在内部取形，要先在形状边缘偏外侧打孔，再进行切割、打磨。

（4）压模。根据模型尺寸，把裁切好的合适大小的ABS板放置到电烤箱中加热，待其软化后迅速取出放置于凸模表面，再用压模板进行压制成需要的曲面形态。

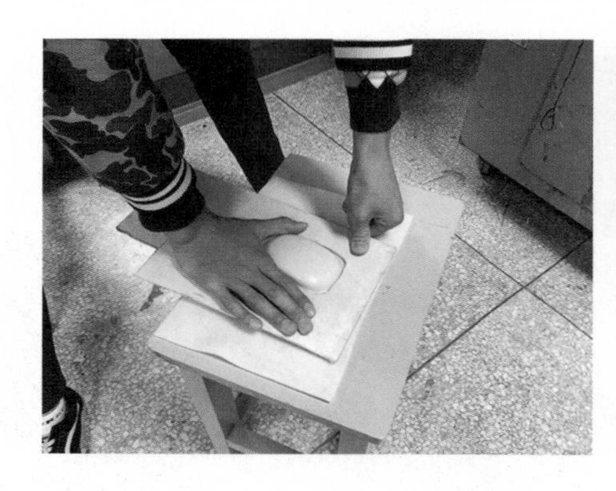
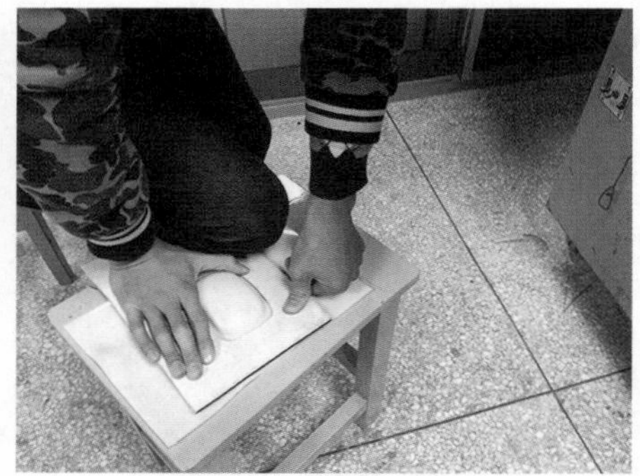

图10—10　压模

注：从电烤箱中取塑料件时要戴手套，注意安全。压模要迅速、稳定，待ABS硬化后再停止压模。

（5）修整曲面。取下压模板，切割掉塑件边缘多余部分，制作滑轮孔位，并对边缘进行精细打磨，完成模型曲面部位制作。如图10－11所示。

图10—11　修整曲面边缘，完成曲面形态制作

(6) 其他部件制作。制作鼠标滑轮和底板，进行粘接组装，对底板与曲面粘接处的缝隙刮抹原子灰，待原子灰干后进行最后精细打磨，完成鼠标模型整体形态。如图10－12所示。

图10—12　制作滑轮和底板，并粘接、组装、打磨

注：砂纸打磨时尽量采用水磨方式，减少灰尘。

(7) 喷漆，完成模型制作。如图10－13所示。

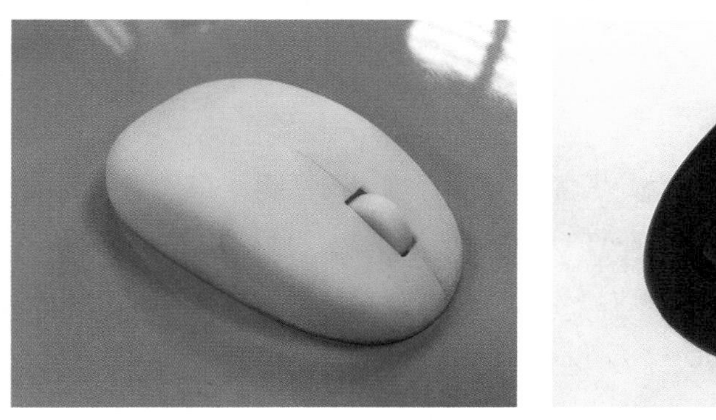

图10—13　完成鼠标模型

案例三：吹风机模型制作

1. 模型制作思路分析

该吹风机主要由机身和把手两部分组成，要分别制作。整体属于左右对称结构，因此制作凸模时只需要制作一半的形状（整体制作凸模不符合凸模规范，无法脱模）。运用密度板分别制作机身和把手的凸模，然后制作压模板，把ABS板加热软化后配合压模板分别压制出机身和把手的一半曲面，制作两次曲面，然后把对称的曲面粘接起来，再制作风口和散热等部件进行整体组装，完成模型制作。

图10—14 吹风机模型

2. **实施步骤**

（1）准备工作。根据设计方案在密度板上绘制吹风机机身和把手两部分的平面投影图形，以备切割参照。并准备好需要的材料和工具。如密度板、ABS板、万能胶、锉刀、砂纸、木槌等。并把密度板和ABS板切割成所需要的尺寸大小。如图10－15所示。

图10—15 准备工作

（2）制作凸模。参照绘制图形运用切割工具对密度板进行切割。由于单块密度板厚度不够，需切割出两块，然后把两块密度板用万能胶粘接起来，并用木槌敲紧，使两块密度板粘接紧密、牢固。如图10－16所示。再运用砂轮机、锉刀、砂纸等对凸模进行精细打磨，可参照图纸进行轮廓定位，得到所需形状，完成凸模制作。如图10–16、图10－17所示。

图10—16 粘接两块密度板

图10—17　修整凸模

注：对制件进行打磨，须用虎钳进行固定，以提高操作的安全性、便利性。

（3）制作压模板。根据吹风机视图尺寸、形状制作压模板，先在板材上绘制图形，然后在图形轮廓线靠外侧打孔，使曲线锯锯头能够伸进去，再利用曲线锯切割形体，最后对其内部边缘进行精细打磨，分别制作出吹风机机身和把手两部分的压模板。如图10－18所示。

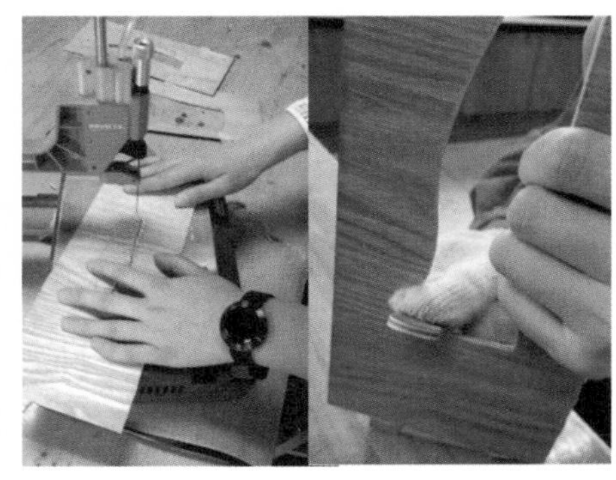

图10—18　制作吹风机压模板

（4）压模。根据模型尺寸，把裁切好的合适大小的ABS板放置到电烤箱中加热，待其软化后迅速取出放置于凸模表面，再用压模板进行压制成需要的曲面形态。由于是对称形体，每个曲面部件都要压模两次。如图10－19所示。

注：从电烤箱中取塑料件时要戴手套，注意安全。压模要迅速、稳定，待ABS硬化后再停止压模。

（5）修整曲面。取下压模板，修掉塑件边缘多余部分。修整压模曲面时要先在曲面边缘外侧打孔，留有一定的加工余量，再利用砂轮机进行打磨，最后进行精细打磨，完成机身一半曲面部位制作。同理，完成机身和把手四个一半曲面形体制作。如图10－20所示。

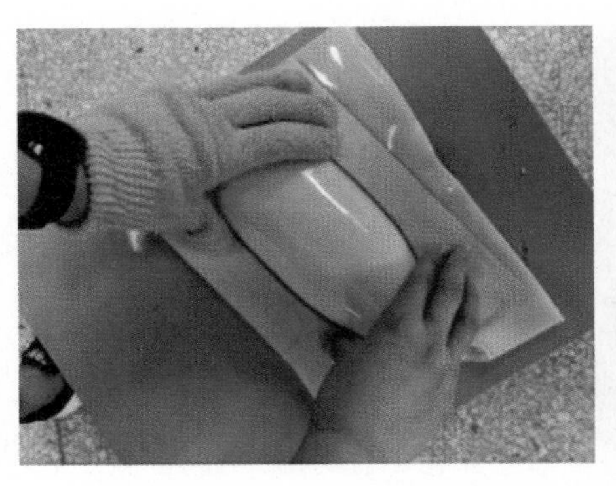

图10—19　压模

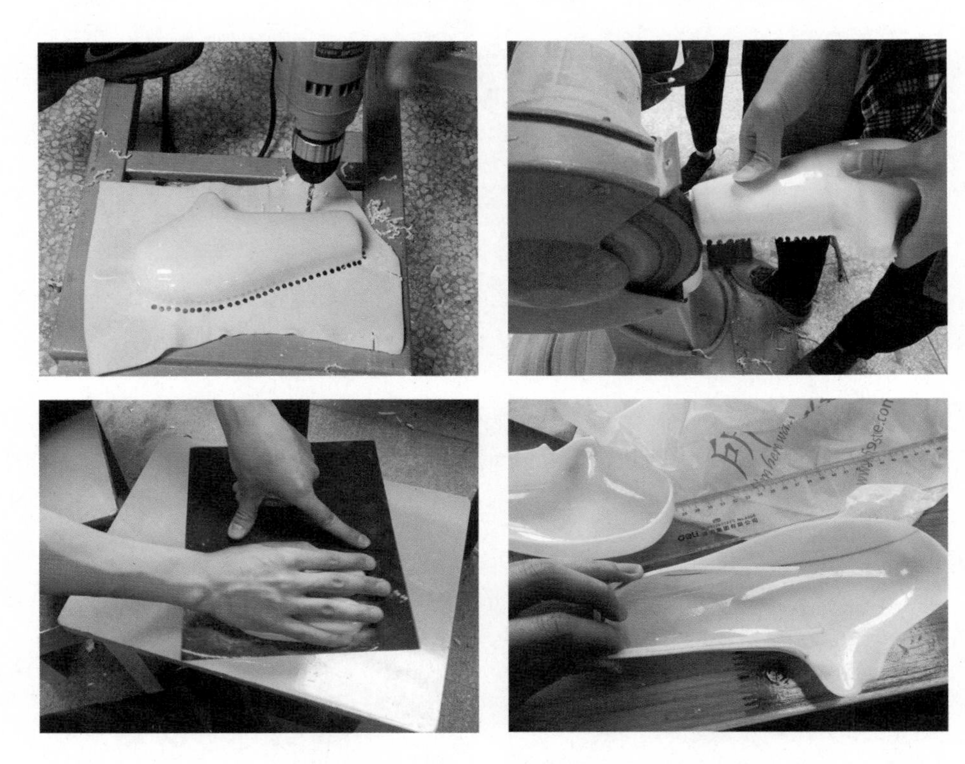

图10—20　修整曲面边缘

（6）开孔及其他部件制作。由于机身要和把手相连接，在机身塑件上加工出机身和把手粘接部位孔形。运用激光雕刻机雕刻出风口和散热口制件，并制作出机身风口和散热口部位孔形。如图10－21所示。

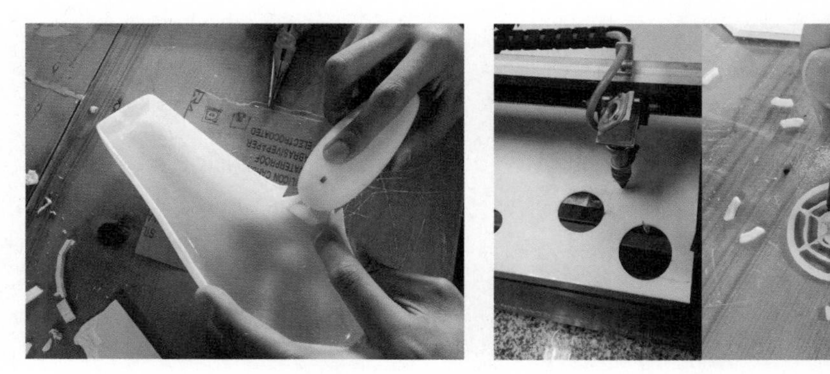

图10—21　孔位及零部件制作

（7）塑件对称粘接。把机身左右两半粘接组合，对产生缝隙部位刮抹原子灰，并进一步精细打磨，完成机身整体形态。为保证粘接时部件之间不错位，可用纸胶带把两个部件缠绕紧固。如图10－22所示。

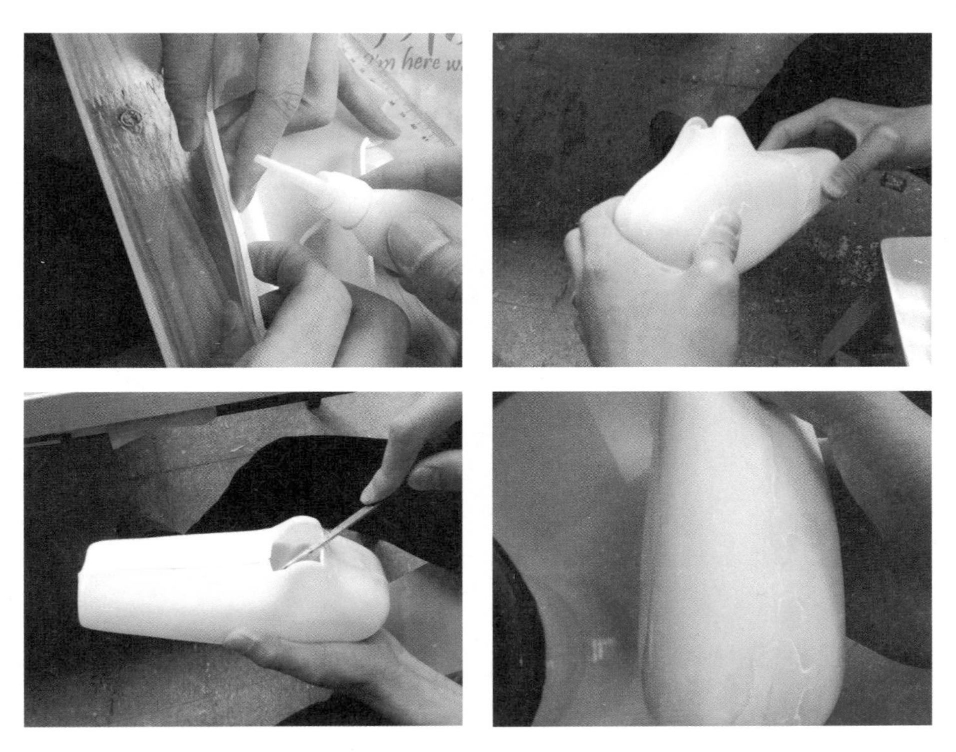

图10—22　粘接对称塑件并进一步修整

（8）喷漆、组装。对各个部件进行喷漆组装，完成模型制作。如图10－23所示。

图10—23　喷漆、组装

本章练习与思考

1. ABS板压模需要注意哪些事项？
2. ABS材料制作自由曲面模型的方法？
3. 运用ABS材料制作2个自由曲面产品模型。

第11章　油泥模型制作

11.1　项目分析

油泥主要用来表现产品的外形，在室温条件下，油泥是固体状态，附着力差，因此在使用时须用瓷盆等容器盛装放入烤箱或用专业电炉加热使用，软化温度为40℃~50℃。油泥易于表现与修改，可以雕、刻、削、刮、刨等，也可以塑、堆、填、补等。同时，油泥还可以反复使用。其缺点是后期处理比较麻烦，须刮光如镜面或贴膜修光后才能着色，其制作需特制的专用工具。

油泥主要用来表现具有复杂曲面的产品模型，是目前业界用来制作产品研究模型的理想材料。在一些先进的公司针对复杂的产品，采用逆向反求工程的方式，对制好的油泥模型进行三维坐标测量与处理，可高效、准确地得到产品造型曲线曲面坐标数据，然后用于CAD建模参照，从而提高设计效率。

11.2　专业能力分解

(1) 通过项目训练，提高或掌握以下能力：

① 自由曲面产品外形设计能力。

② 人机界面的凹凸设计能力。

③ 空间想象能力。

④ 形态处理能力。

(2) 通过项目训练，提高或掌握以下模型制作方法：

① 内模芯制作方法。

② 油泥加热、保温方法。

③ 油泥填抹、刮压、磨光方法。

④ 油泥部件粘接方法。

11.3　油泥模型制作工具

油泥模型的加工制作，有专业的工具。市场上也有专业的油泥工具箱以供选择。如图11－1所示。待油泥冷却到室温之后，可通过工具对油泥进行塑形，使用不同的工具完成不同的雕琢任务。这些工具包括大致去除材料和制作更小的细节部分。

图11—1

耙子主要用于开始时去除大量的材料，以形成一个整体形状，耙子上通常有耙齿，刮削非常便利。如图11－2所示。

线工具对于雕琢小细节很有用途，具有准确的切割面和各种不同的形状，以适应不同情况的需要。如图11－3所示。

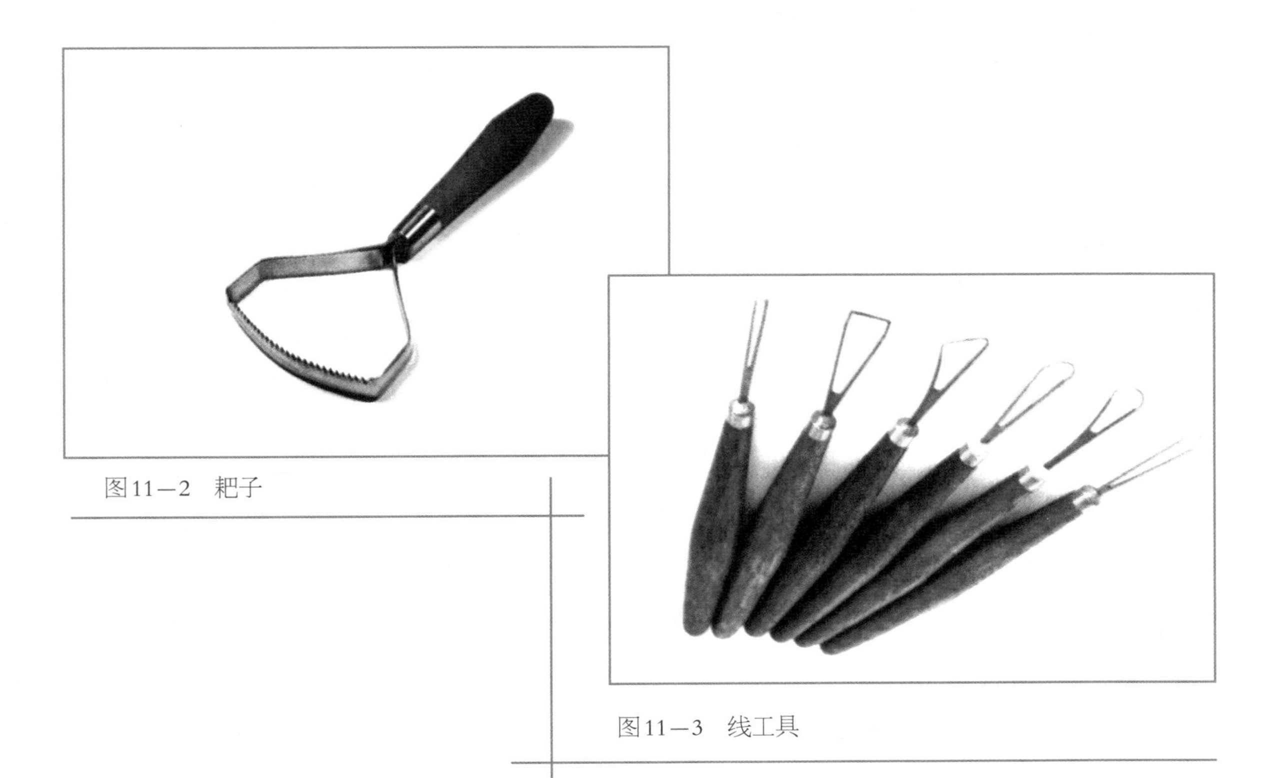

图11—2　耙子

图11—3　线工具

修整器主要用于表面刮磨，用其刮掉表面少量油泥，使表面更加平整。如图11－4所示。

弹簧钢片主要用于最后的抛光，具有不同的形状以供选择使用，如图11－5所示。

图11—4　修整器

图11—5　弹簧钢片

11.4　油泥模型制作方法及步骤

11.4.1　油泥加热、软化

将油泥原料切成碎块或碎片，放到器皿中，然后放入电烤箱中加热软化，也可采用电热吹风加热软化。如图11－6所示。注意加热时不能过热，否则油泥会变成泥浆状，难以填抹、塑形。

油泥棒原材

刮成碎片

加热软化

图11—6　油泥切碎、加热、软化

11.4.2　模型内芯制作

由于油泥材料较贵，一般制作模型时需要制作内芯。特别是较大模型，先要用价格低、易加工的材料制作内芯，再在内芯上填抹油泥。内芯不能过软，否则压抹油泥时会产生变形，一般采用发泡材料制作内芯，不仅节约成本，还可减轻整体模型的重量。如图11－7所示。

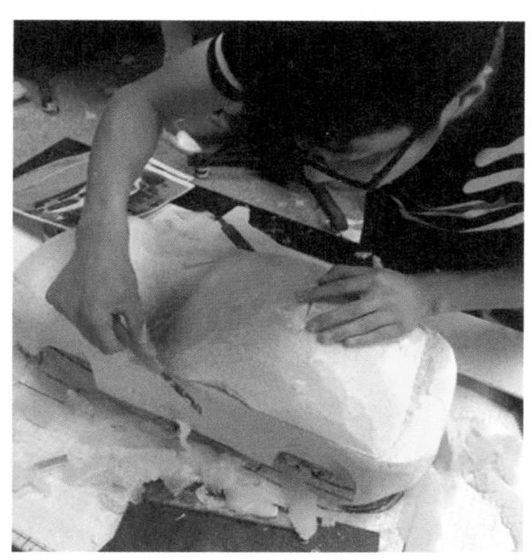

图11—7　发泡制作模型内芯

11.4.3　内芯表面填抹油泥

在内芯表面填抹油泥，填抹厚度一般为3～5mm，用手按压，一边填抹，一边观察，一边调整。油泥按压要用力些，使其与内模表面压合紧密。如图11－8所示。

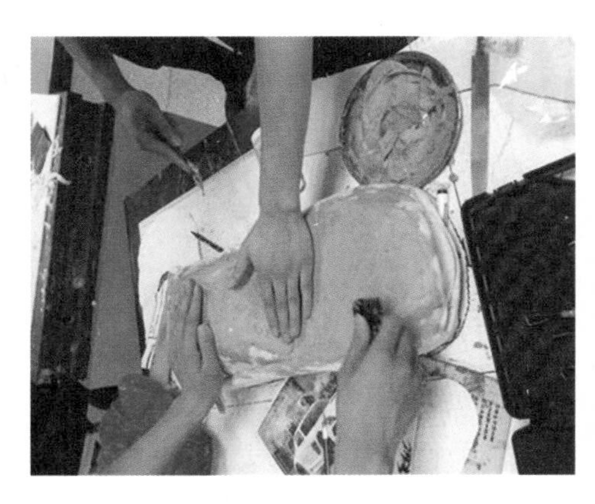
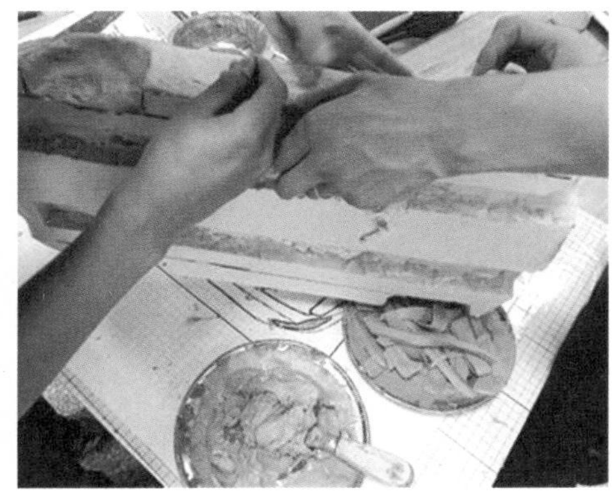

图11—8　填抹油泥

11.4.4　运用工具精细塑形

在内模表面填抹完油泥后，再运用油泥工具对形体进行精细塑造。一般先运用耙齿工具对表面初步进行平整，再运用线性工具精雕细节，最后用弹簧钢片进行最后抛光。得到所需形态。如图11－9所示。

图11—9　精细塑形

油泥制作步骤图示如下：

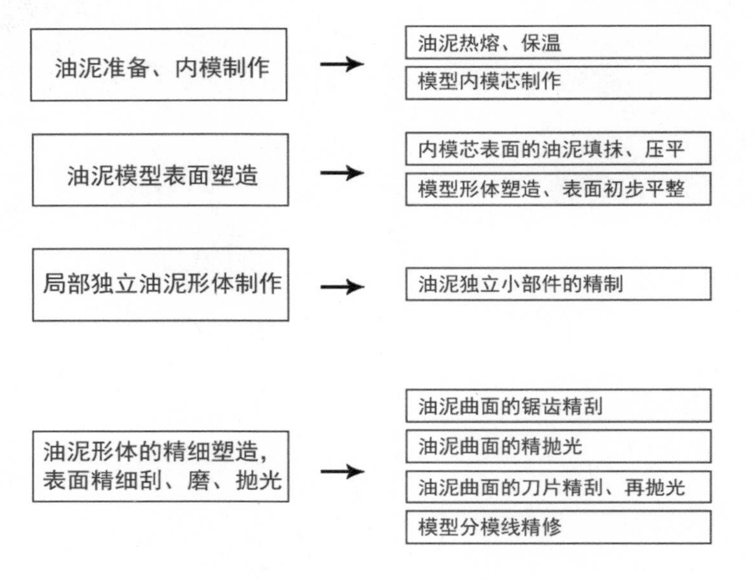

图11—10　油泥模型制作步骤图示

案例一：汽车油泥模型制作

图11—11　油泥汽车模型

1. **模型制作思路分析**

制作该汽车模型，首先运用泡沫板制作汽车内芯，在内芯上填抹油泥，初步刮平。然后运用油泥工具进行精细雕刻，雕琢出各部分细节，得到所需形态。

2. **实施步骤**

（1）绘制图纸。按照模型制作的实际尺寸绘制汽车三视图。并打印出来作为模型制作的形状参考模板。如图11－12所示。

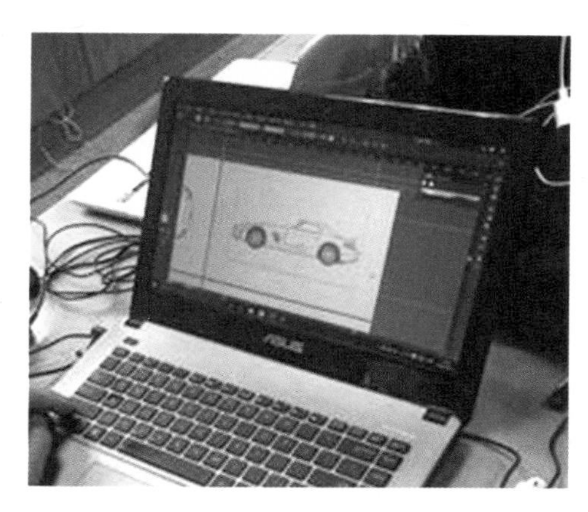
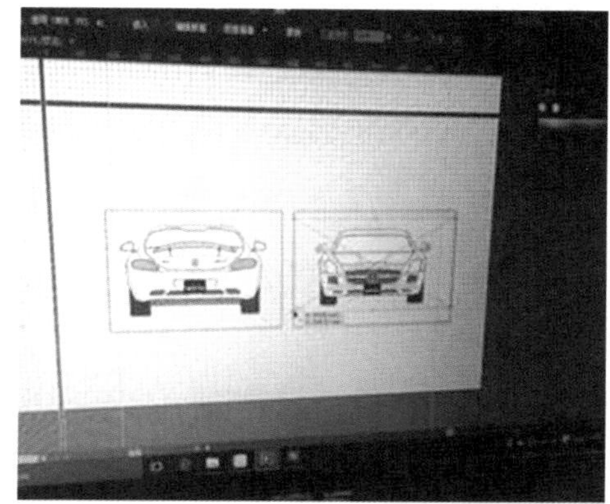

图11—12　电脑绘制汽车三视图

（2）制作模型侧面模板。把打印出来的侧视图图纸粘贴在KT板上，沿侧面轮廓裁切出侧面模板。侧面模板是用来检测模型形态的准确性，用KT板粘接是为了增强其强度，也可用其他板材制作，因为是一次性使用，关键是易加工、取材方便、价格低廉。如图11－13所示。

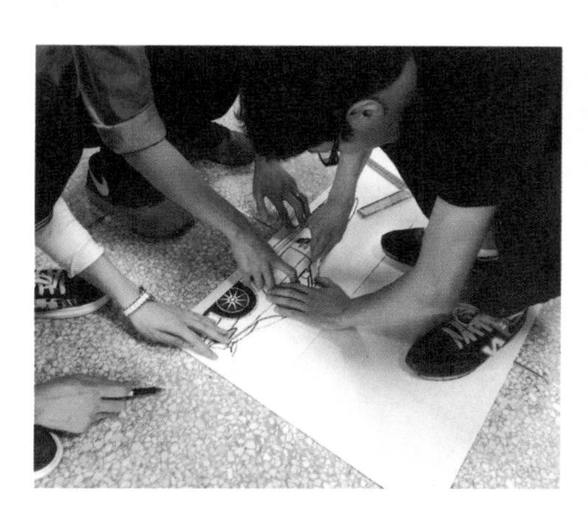

图11—13　制作侧面模板

（3）制作模型底板。根据模型尺寸，裁切出合适大小的底板，一般用平整的木质板材，把打印出的汽车顶视图粘贴在底板上面。底板是汽车油泥模型制作的操作面板，大小要合适。如图11－14所示。

（4）制作内芯框架。汽车模型由于体积较大，为节省油泥材料，要先制作一个内芯。一般先制作一个木框架，再把泡沫板底部挖槽，卡在木框架上。单块泡沫板厚度不够，把两块粘接起来。注意泡沫板粘接时一定要压紧，内芯一定要坚固稳定，不能发生形变。使用气钉枪一定要有专人指导，注意安全。如图11－15所示。

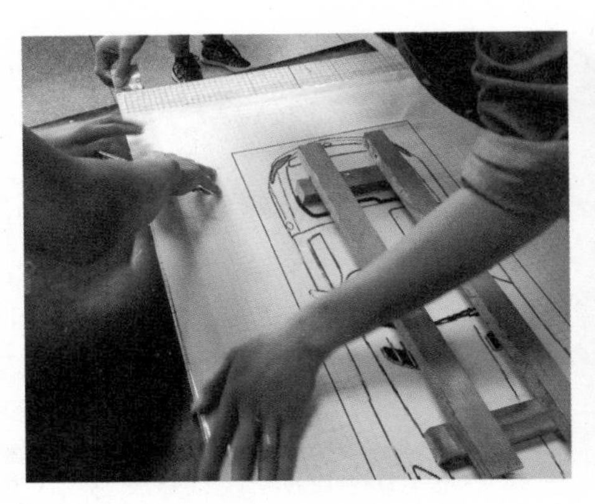
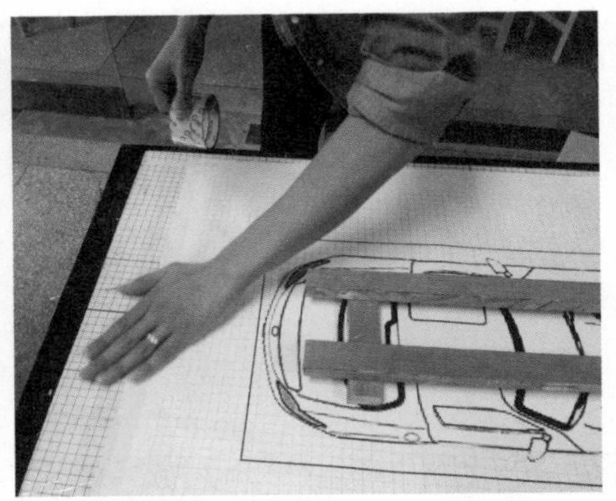

图11—14　在底板上粘贴汽车底视图图纸

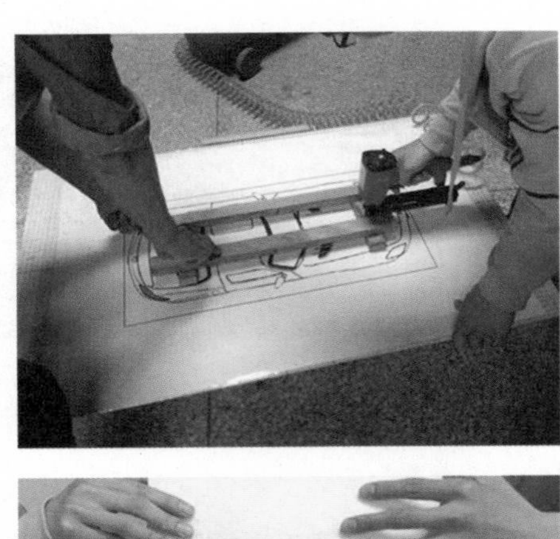

图11—15　制作内芯框架

（5）制作模型内芯。对发泡材料进行加工，制作出汽车模型内芯。制作时要借助模型模板，先在发泡材料上绘制轮廓线，加工过程中要随时参照模板进行比对。另外内芯模型要制作小一些，留出敷油泥的厚度（具体方法可参阅第8章发泡模型制作）。如图11－16至图11–21所示。

注：理论上来说，内芯制作越精细，后期油泥塑形越准确。但内芯的精细加工同样需要时间和精力，有些缝隙部位完全可以直接用油泥填抹，没必要在内芯制作时就全部解决。主要是根据实际情况进行选择和取舍。

（6）初敷油泥。把油泥棒材切削成碎块，放入电烤箱中加热。待软化后往内芯模型上填抹油泥，注意填抹油泥时要用力按压，以使油泥和内芯紧密结合。如图11－22所示。

（7）初步刮模。对油泥模型进行初步刮模，这个阶段主要使用齿耙工具，对模型表面进行刮削，刮掉多余的油泥材料，塑造模型基本形态。如图11－23所示。

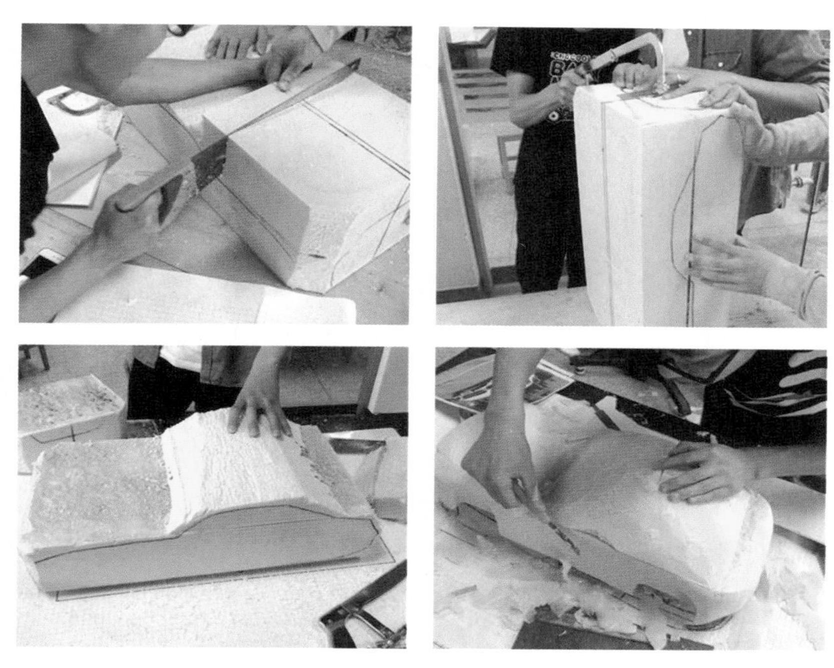

图11－16　切割大致形态

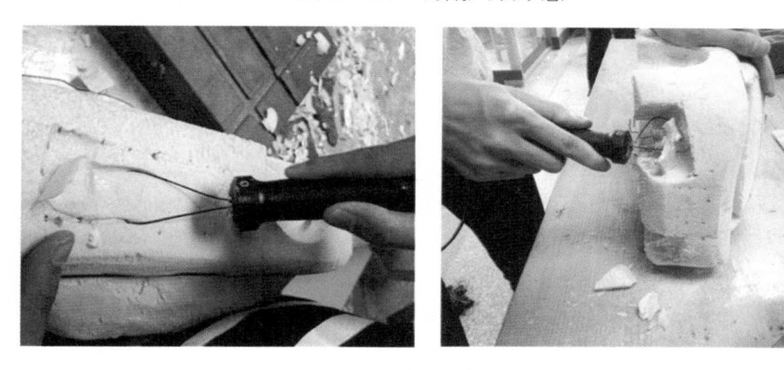

图11－17　手持电热加工工具切割

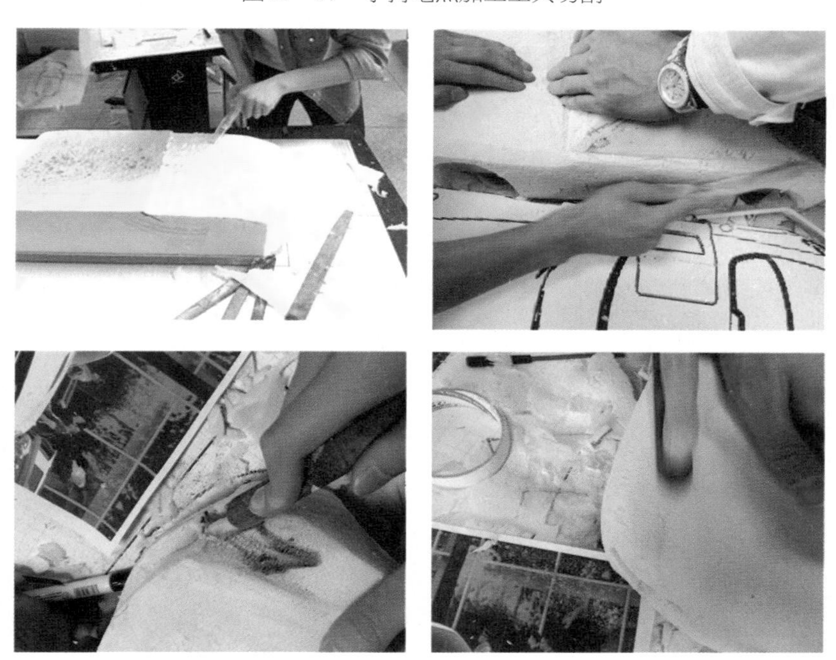

图11－18　外形粗略打磨

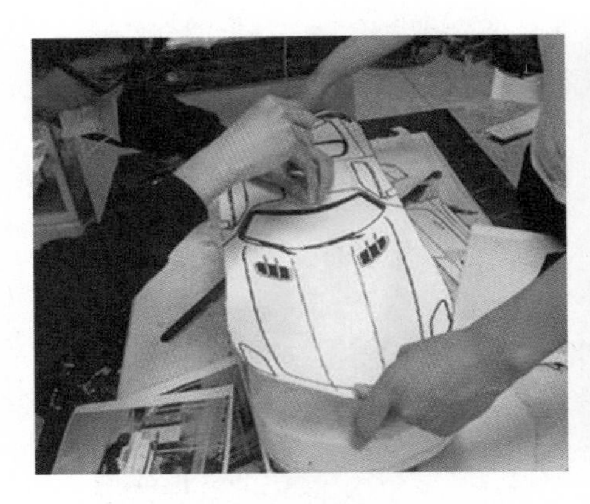

图11—19　参照模板确定各部件分割线位置，用细铁丝标记，并画出分割线

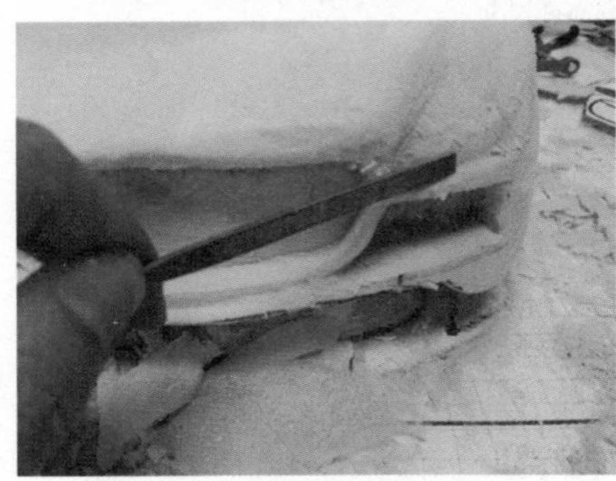

图11—20　制作细节

图11—21　完成汽车内芯制作

图11—22　填抹油泥

图11—23　用齿耙初步塑形

（8）精细刮模、抛光。对油泥模型进一步精细加工，这一阶段主要是运用修整器刮除表面多余的油泥，然后使用抛光器对模型表面进行抛光，使模型表面平整、光滑。如图 11－24 所示。

图11—24　精细刮模、抛光

（9）刻画细节。对模型细节部位进行精细刻画，主要使用线工具进行操作。如图 11－25 所示。

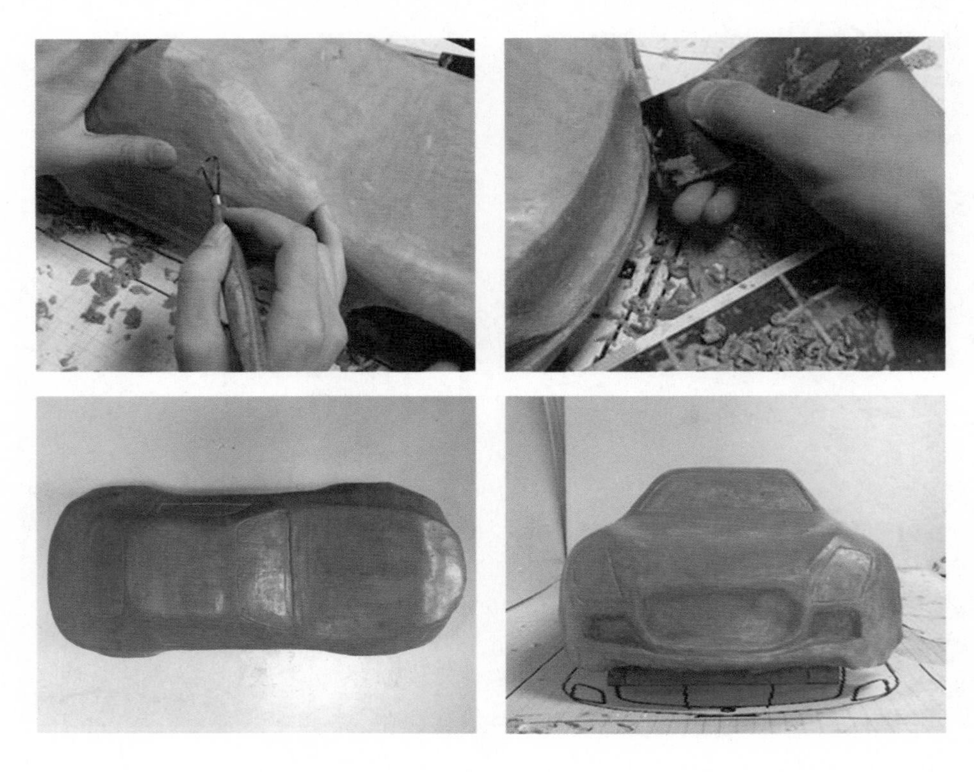

图11—25　刻画细节

（10）完成油泥模型制作。如图11－26所示。

图11—26　完成油泥模型制作

案例二：概念车油泥模型制作

图11—27　油泥汽车模型

1. **模型制作思路分析**

该概念车油泥模型的制作，首先运用泡沫板制作汽车内芯，然后在内芯上填抹油泥，运用工具对油泥进行平整塑形，精细刻画，完成最终模型制作。

2. **实施步骤**

（1）工具准备。油泥模型制作的主要工具是刮刀和刮片，在整个模型制作过程中，刮刀和刮片的作用非常重要，且不同类型的刮刀、刮片作用也不尽相同。如齿耙类刮刀主要用来初步修整模型表面，平面刮刀（修整器）主要对模型表面进行平整处理，而刮片一般用作后期的精细抛光处理。刮片目前主要有弹簧钢刮片和碳纤维刮片两类。如图11－28、图11－29所示。

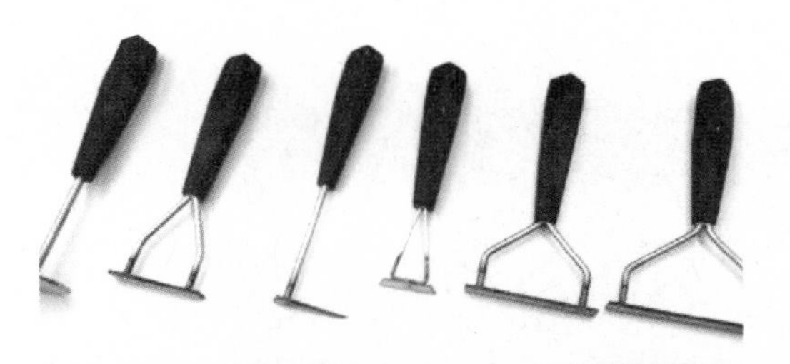

图11—28　各种刮刀

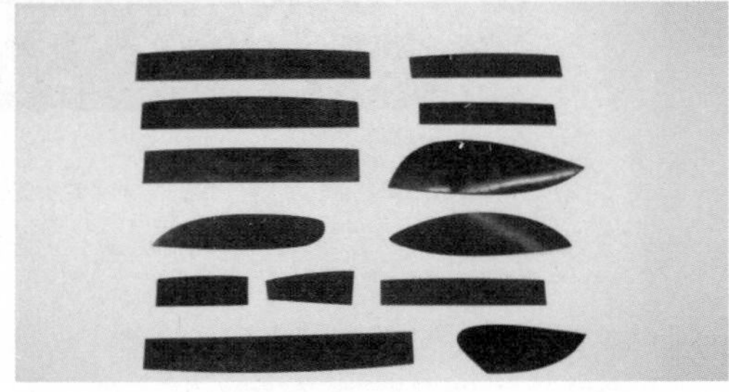

图11—29　不同刮片

（2）制作泡沫内芯。为了减轻模型重量和节约成本，需要制作模型内芯，选用发泡材料制作。根据模型尺寸需要，可将多块泡沫叠加，用泡沫胶粘接，切削成需要的粗坯。如图11－30、图11－31所示。

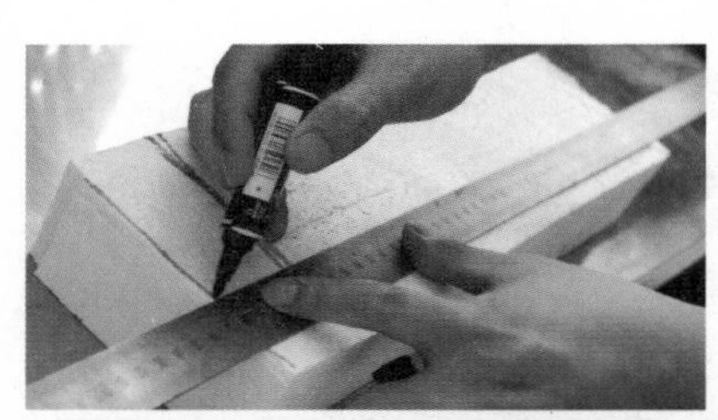

图11—30　根据尺寸画线、切削

图11—31　根据需要叠加、粘接发泡

（3）初敷油泥。加热软化油泥，在泡沫内芯上填抹。敷油泥第一层一定要很薄，如果有条件，泡沫表面要用热风枪使其硬化，便于油泥附着在上面。方法是用拇指将油泥碾压上去，拇指要用力保证油泥不会脱落，再用食指反方向碾压回来。敷成大致形态，这一阶段要注意的是整体的比例关系。如图11－32所示。

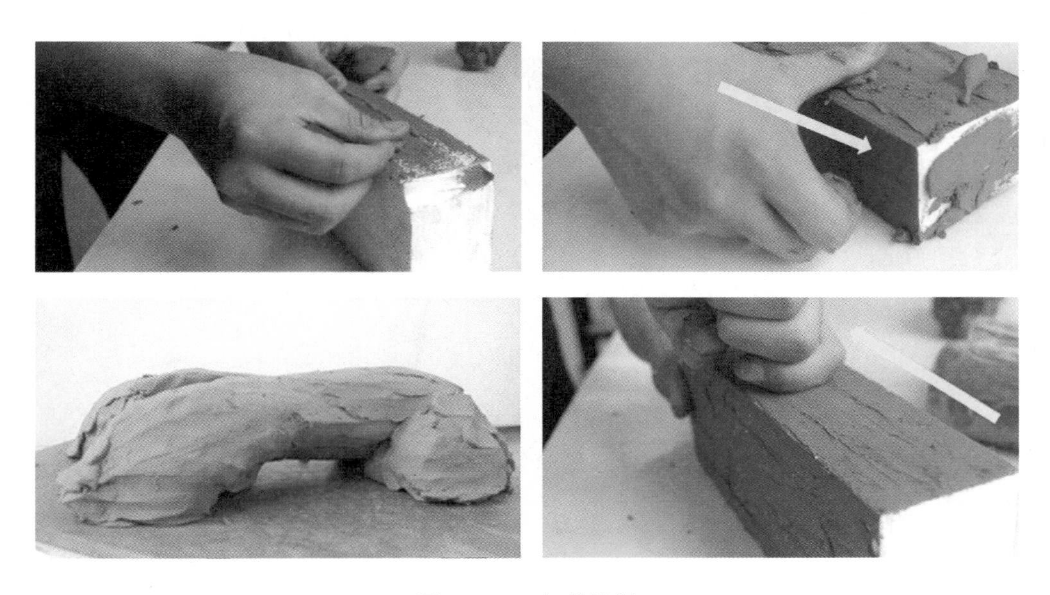

图11—32　初敷油泥

注：本案例没有用泡沫具体制作概念车内芯模型，只是用泡沫块材堆积了一个简单框架，直接在上面敷油泥，这样会多用一些油泥材料，但是却节省了制作内芯的时间。

（4）刻画中心线。因为该概念车是左右对称形体，用画线刀在形体上画出中心线，先做一半造型。如图11－33所示。

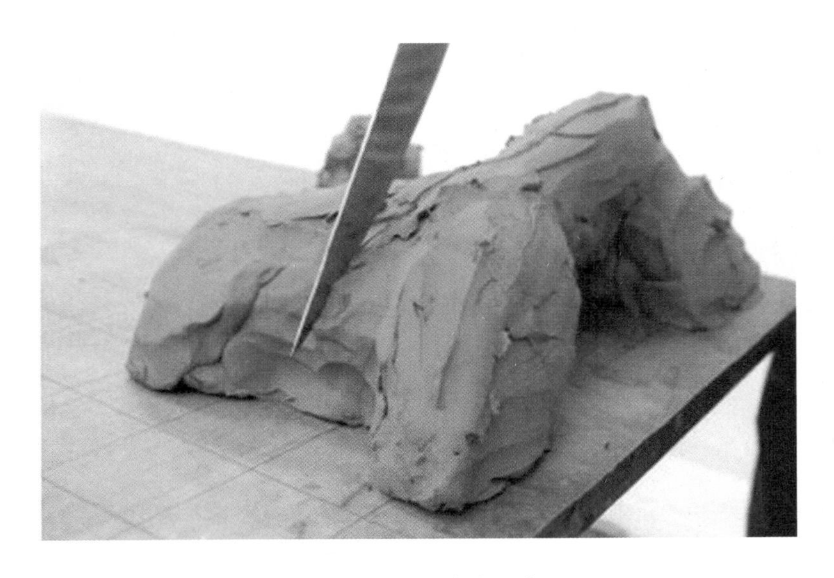

图11—33　画出中心线

（5）画出特征线。用画线刀在油泥上画出特征线。画线时要多角度观察，画线准确，如图11－34所示。

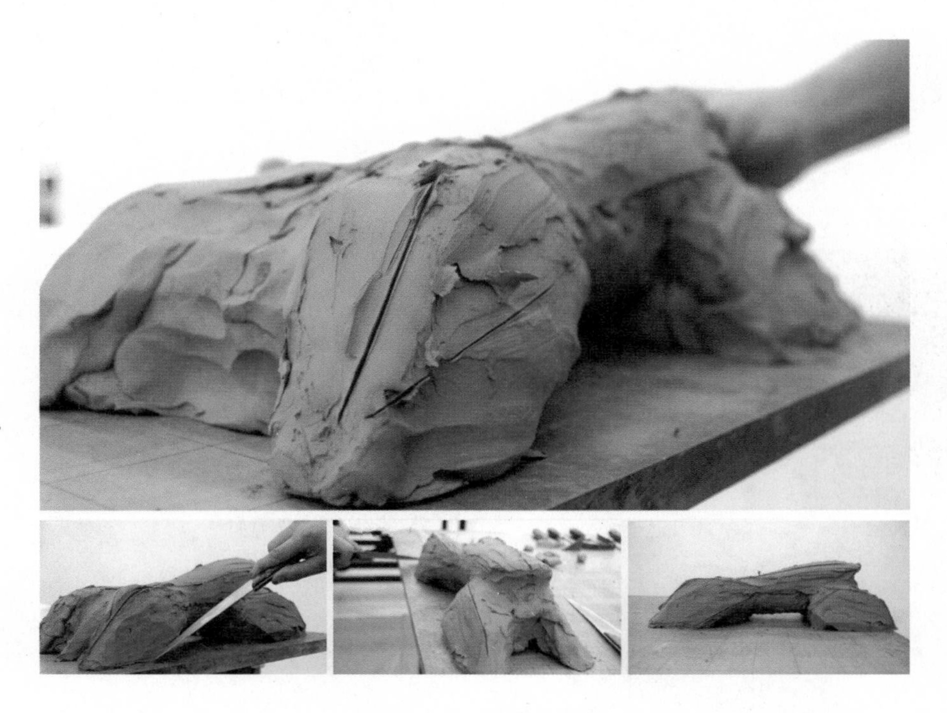

图11—34　刻画特征线

（6）用刮刀刮出大致造型。根据所画的特征线，用刮刀等工具在形体上进行刮削，塑造出大致造型。注意使用刮刀时要交叉使用，切忌单一方向。这个阶段不要在意面的光顺，重要的是考虑整体比例和面的走势。如图11－35、图11－36所示。

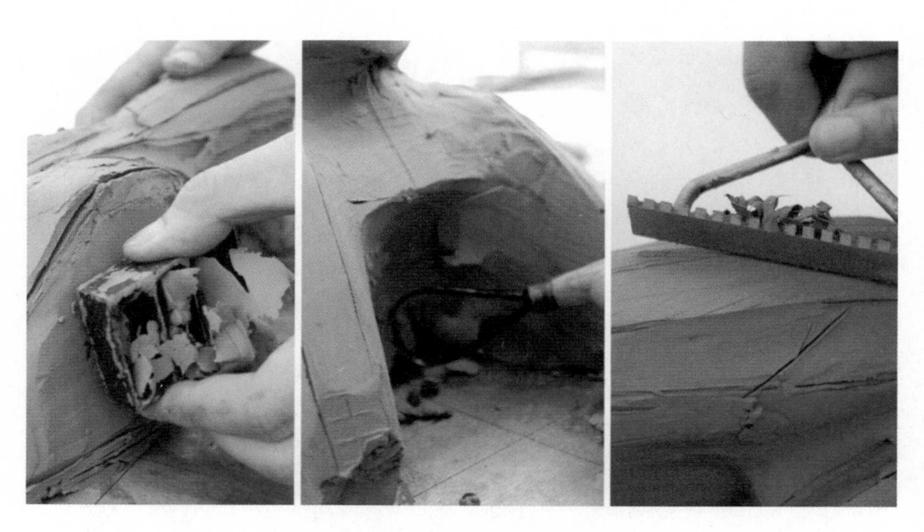

图11—35　刀具塑形

（7）在特征线上贴上线胶。在做油泥比例模型时，要注意突出造型的特征线，并从不同视角进行观察，对特征线进行调整。贴上线胶带一方面是凸出特征线的位置，另一方面也是为了保护特征线。如图11－37所示。

（8）精细塑造。运用不同的工具对模型不同部位进行精细塑造。模型制作过程中，对于工具使用没有强制性要去，可以自行发挥，也可自己制作简易的模型制作工具。如图11－38所示。

图11—36　刮出大致形态

图11—37　在特征线上贴上线胶

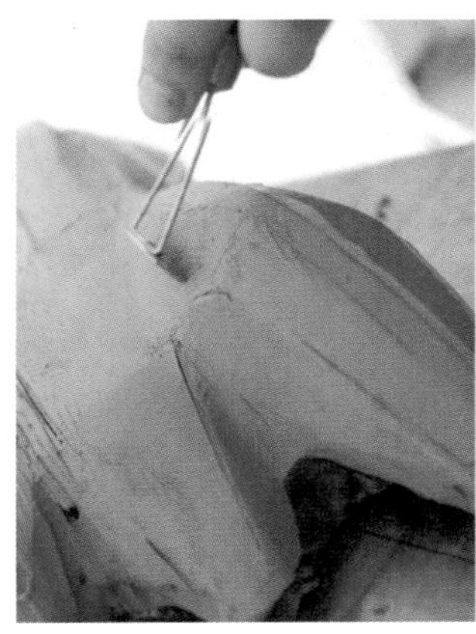

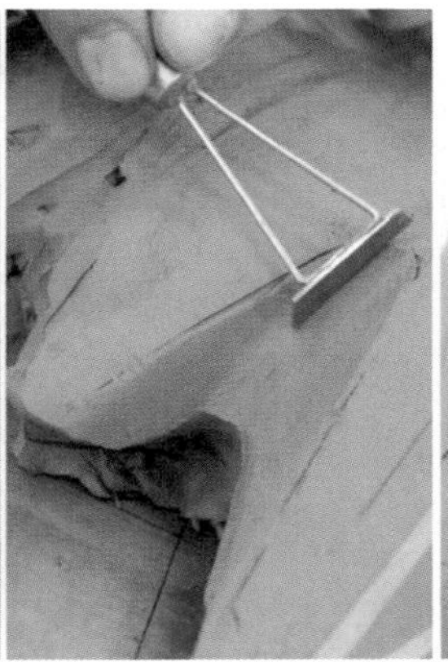

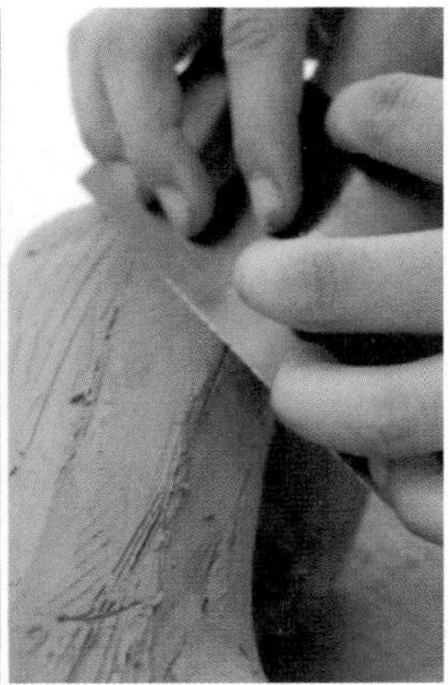

图11—38　精细塑造模型

（9）做完一半造型后，将模型放在平台上，用工具画出中线。根据中线，做出另一半的大致造型。用小型三坐标，测出关键的对称点位置，根据点来做对称线，根据线来做面。如图11－39所示。

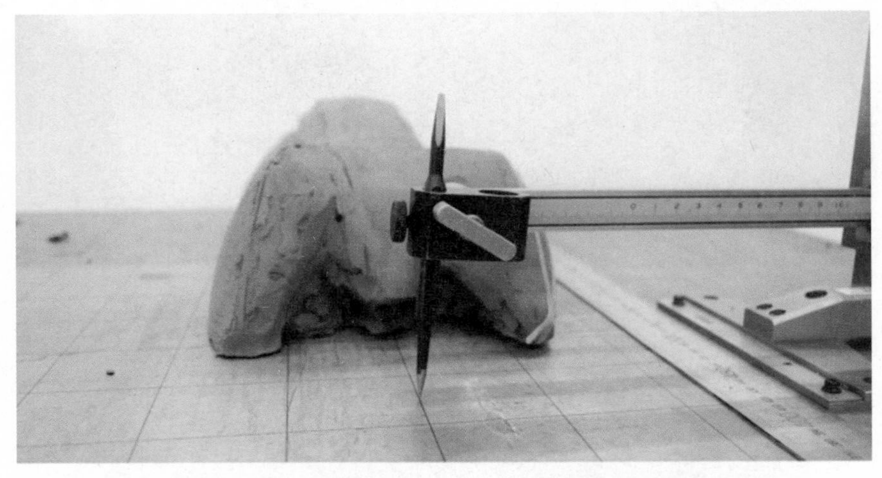

图11—39　测量并画出中线和对称线

（10）做出另一半模型。根据对称点做出模型的另一半造型，然后调整整体造型。如图11－40所示。

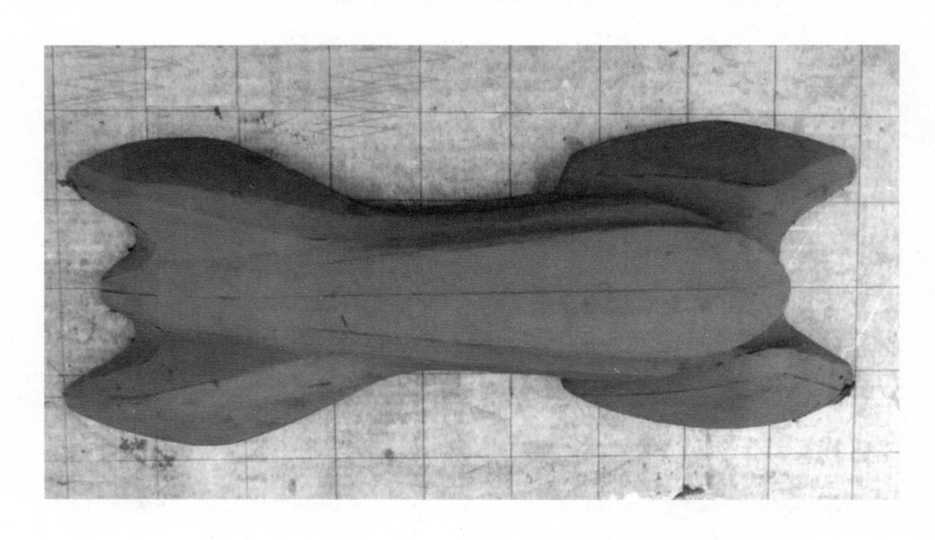

图11—40　做出对称模型

（11）使用线胶调整造型。用线胶贴出造型线，并且保护周围的面。使用合适的刮片，刮去多余的油泥，完成模型曲面形态。如图11－41、图11－42所示。

图11—41　用线胶贴出造型线

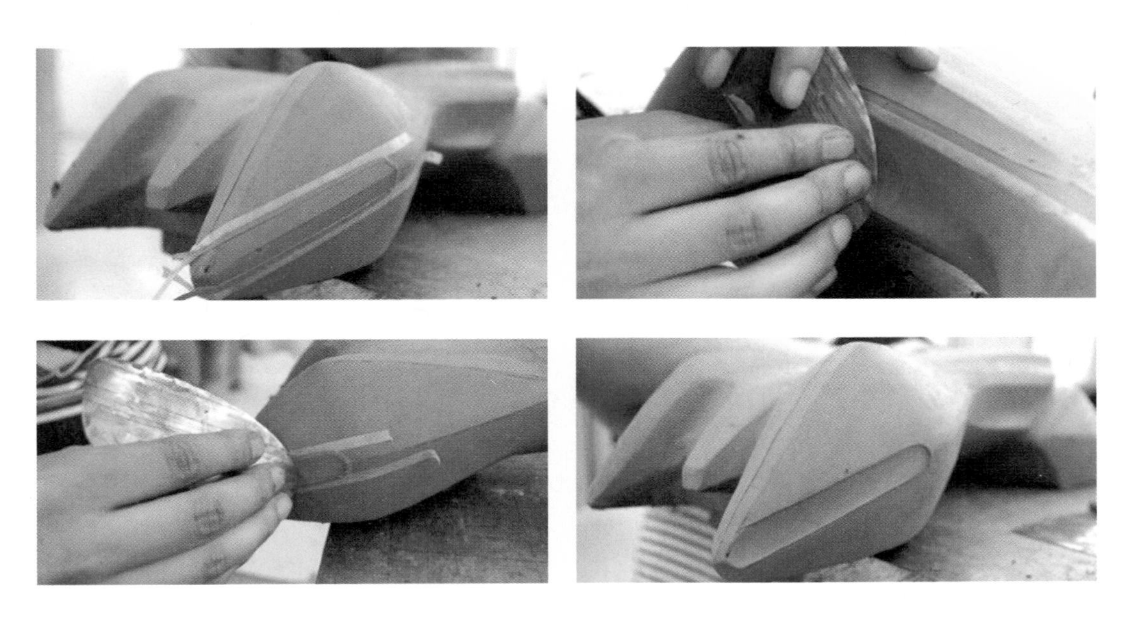

图11—42　精细刮模，完成曲面形态

（12）刻画分模线。用三角刀、线形工具等刻画出分模线。如图11－43所示。

图11—43　画出分模线

（13）完成模型制作。如图11－44所示。

图11—44　最终效果

注：此案例原型来自网络，经作者编辑整理而成。

本章练习与思考

1. 油泥模型的制作步骤及方法？
2. 油泥加热的注意事项？
3. 运用油泥材料制作2个自由曲面产品模型。

参 考 文 献

[1] 江湘芸.产品模型制作[M].北京：北京理工大学出版社，2005.

[2] 彭泽湘.产品模型设计[M].长沙：湖南大学出版社，2009.

[3] 比亚克·哈德格里姆松.产品设计模型：制作.技法.工艺[M].张宇，译.北京：人民邮电出版社，2015.

[4] 杰姆斯·伽略特.设计与技术[M].常初芳，译.北京：科学出版社，2004.

[5] 赵真.工业设计模型制作[M].北京：北京理工大学出版社，2009.

后 记

我很荣幸，能够担任这本由合肥工业大学出版社组织出版的实践教材的主编。实践教材是应用型艺术设计教育中非常重要的一部分，既要保证实践操作的正确性和可行性，还要具有理论的指导性和文字的易读性，同时还要与本学科的技术发展同步。本教材的编写得到了盐城工学院设计艺术学院杨建生院长、王文广院长的大力支持，得到合肥工业大学出版社老师的精心指导，并获得盐城工学院教材基金资助出版，为本教材的顺利编写和出版提供了保证。

产品模型制作教材的编写具有一定的难度，因为需要大量实际制作的一手资料。本教材的编写结合了本人长期工业设计模型教学、科研、企业产品研发中的工作经验，对模型制作范例进行了详细的图片拍摄和步骤讲解。并根据实际选题，亲手进行教学示范的制作。但由于实间关系和模型精度的要求，纸模型和最后一个油泥模型的制作，引用了其他教材和网络上的范例，在此特表示感谢。

在编写过程中，我们参考了国内部分模型制作教材。具体示范案例，多为本人教学、工作经验的总结。由于本人水平有限，教材中的不足之处，还请同行专家指正。

本教材引用了部分盐城工学院设计艺术学院工业设计系的学生作品，在照片的拍摄和图片处理上，一些学生也付出了辛勤的努力。这些学生有刘栎、胡蓉、秦颖、吴文娇、李晓欧、凌璇、崔旭、卞柯为、张晓芳、方桃、曹元胜、王如霞、朱凤华、何宸、陈伟奇、谭小燕等。在此一并表示感谢。

戚凤国

2017.2

图书在版编目（CIP）数据

现代产品模型制作实训/戚凤国等主编. —合肥：合肥工业大学出版社，2016.12（2020.1重印）
ISBN 978-7-5650-3311-7

Ⅰ.①现… Ⅱ.①戚… Ⅲ.①产品模型—制作—高等学校—教材 Ⅳ.①TB476

中国版本图书馆CIP数据核字（2017）第047384号

现代产品模型制作实训

戚凤国 王佩之 主编　　　　责任编辑 王 磊

出　版	合肥工业大学出版社	**版　次**	2016年12月第1版
地　址	合肥市屯溪路193号	**印　次**	2020年1月第2次印刷
邮　编	230009	**开　本**	889毫米×1194毫米 1/16
电　话	艺术编辑部：0551-62903120	**印　张**	8.5
	市场营销部：0551-62903198	**字　数**	266千字
网　址	www.hfutpress.com.cn	**印　刷**	安徽联众印刷有限公司
E-mail	hfutpress@163.com	**发　行**	全国新华书店

ISBN 978-7-5650-3311-7　　　　定价：48.00元